土壤及其健康培育

汪洁 刘晓霞 吴东涛 丁枫华 主编

中国农业科学技术出版社

图书在版编目(CIP)数据

土壤及其健康培育 / 汪洁等主编. --北京：中国农业科学技术出版社，2023.10

ISBN 978-7-5116-6459-4

Ⅰ.①土… Ⅱ.①汪… Ⅲ.①土壤肥力 Ⅳ.①S158

中国国家版本馆 CIP 数据核字(2023)第 184446 号

责任编辑 李 娜 朱 绯
责任校对 马广洋
责任印制 姜义伟 王思文

出 版 者 中国农业科学技术出版社
北京市中关村南大街 12 号 邮编：100081
电 话 (010) 82106631 (编辑室) (010) 82109702 (发行部)
(010) 82109709 (读者服务部)
网 址 https://castp.caas.cn
经 销 者 各地新华书店
印 刷 者 北京建宏印刷有限公司
开 本 170 mm×240 mm 1/16
印 张 9.25
字 数 165 千字
版 次 2023 年 10 月第 1 版 2023 年 10 月第 1 次印刷
定 价 50.00 元

《土壤及其健康培育》

编 委 会

主　　编：汪　洁　刘晓霞　吴东涛　丁枫华

副 主 编：季卫英　池永清　赵承森　杨　静

雷春松　吴健卓　周文斌

编　　者：董久鸣　邵建军　颜　军　戴佩彬

梁　欣　章日亮　章　哲　杨佳佳

商伟林　王　寅　陈振华　叶春福

袁国印　朱阳春　明　明　李荣会

张丽君

目　　录

第一章　土壤概述

一、土壤概念

说到“土壤”，“土”和“壤”的概念还略微有些不同。《周礼》有言：“以万物自生焉则言土，土犹吐也，以人所耕而树芸焉则言壤，壤和缓之貌。”从那时起，我们的祖先就开始区分“土”与“壤”了。“土”更多的是指未经人为开发过的支撑自然界生命的物质，而“壤”则是指支持人类生命的物质，更多是与土地肥力，也就是我们常说的“地力”相关联。12 000 年前人类意识到脚下的“土”能够生产更多的食物，农耕文明的开始意味着人类不再需要因采猎而疲于奔命，可以说土壤为人类生存和发展奠定了根基。

关于土壤的概念，不同学科的专家，从不同的角度有不同的认识。地质学家认为土壤是破碎了的陈旧的岩石，是风化的产物；生物学家认为土壤是地球表层系统中，生物多样性最丰富，生物地球化学的能量交换、物质循环（转化）最活跃的生命层；环境学家认为土壤是重要的环境要素，环境污染物的缓冲带和过滤器；实施水利、土木等工程建设的工程技术人员认为土壤是承重受压的基础，是一种物质材料。农林方面对土壤的认识应用较多的是立足生物经济学角度。在农业生产中，土壤是植物生长的基础。苏联土壤学家威廉斯提出，土壤是地球陆地上能够生产植物收获物的疏松表层。

随着人们对土壤基本物质组成认识不断加深，土壤的概念也得到进一步完善。土壤是由矿物质、有机质、土壤水分（溶液）、空气和生物等组成的能够生长植物的陆地疏松表层。根据土壤的形成过程，通常把土壤分为自然土壤和农业土壤（或耕作土壤）。自然条件下，未经人类开垦耕作的土壤称为自然土壤；经过人类开垦、耕种以后，原有性质发生了变化的土壤称为农业土壤（或耕作土壤）。

二、土壤肥力

土壤之所以能生长植物，是因为它具有肥力。土壤肥力是土壤的本质属性。土壤肥力是土壤具有的能不断地供应并调节植物生长发育所需的水、肥、气、热的能力。水、肥、气、热是水分、养分、空气和温度的简称，是土壤肥力的四大因素，其中水、肥、气是物质基础，热是能量条件。四大因素之间相互联系，相互制约。任何一种土壤的肥力特征都是水、肥、气、热的综合反映。

土壤肥力是在土壤形成过程中逐渐发展和演变的。土壤在自然形成过程中所产生和发展起来的肥力称为自然肥力。自然肥力仅受自然因素的影响，只存在于没有开垦的荒地和原始森林中。由于人类尚未干预，所以这种肥力还不能得到充分开发利用，它的发展是很缓慢的。在自然肥力的基础上，经过人为活动以后而形成的肥力称为人工肥力。它是在耕作、施肥、灌溉、土壤改良和其他农业技术措施等人为因素影响下所产生的结果，并随着人类对土壤认识的不断深化及科学技术水平的不断提高而得到迅速发展。

在耕作土壤中，土壤肥力是自然肥力和人工肥力的综合表现。人类生产活动可促使土壤熟化、退化，甚至产生质的改变，造就了菜园土、水稻土等人为土壤类型。不同土壤的肥力有性质特征之差和高低肥瘦之分。保证农业生产高产、优质、高效需要肥沃的土壤，应具有充足、全面、持续地供应和调节植物生长所需要的水、肥、气、热的能力，使之能满足植物生长需求，抗拒不良外界条件的影响。

三、土壤生产力

土壤生产力是指在特定的耕作管理制度下，土壤生产特定的某种（或一系列）植物的能力。特定的耕作管理制度通常是指在一定的气候和地形条件下植物的种植期、施肥制度、灌溉计划、耕作和病虫害防治等多种农业技术措施的综合。土壤生产力的高低受土壤特性、植物种类、品种以及投入的人力、物力（特定的经营管理制度）多少的影响。因此，土壤生产力是影响作物产量的全部因素（包括土壤和非土壤）的综合反映，其实质上是一个经济学的概念。土壤生产力和土壤肥力是两个不同的概念。两者互为联系，但并不相等。土壤生产力是由土壤本身的肥力属性和发挥肥力作用的外界条件所决定的。所谓发挥肥力作用的外界条件指的是土壤所处的自然环境条件（包括气候日照状况、地形及与其相关联的供水和排水条件、污染物的侵入等）及人为耕作、栽培等管理措施。由此可见，肥力只是生产力的基础，而不是生产力的全部。因此，高产的土壤必定是肥沃的，但肥沃的土壤并不一定高产。例如，干旱地区有许多肥沃的土壤，但在没有灌溉设施的经营管理制度下，对于玉米和水稻来说，需水量不能满足，就不可能获得高产。土壤内在的影响肥力因素的各种性质和土壤的环境条件，在生产力上互相联系、互相制约，从而启示人们要充分挖掘土壤生产力（即提高作物产量），既要不断地培肥土壤，提高土壤肥力，又要重视农田基本建设，以改造土壤环境，其中包括平整土地、保证水源、修建渠（沟）道、筑堤防等农业工程项目，为发挥土壤肥力创造一个良好的外部环境条件。

四、土壤的重要性

自然资源是自然界中对人类有利用价值的物质和能力。土壤资源和水资源、大气资源一样，是维持人类生存与发展的必要条件，是社会经济发展最基本的物质基础。所谓“万物土中生”，目前生活在地球上的 870 万种生物，其中的 1/4 都存在于土壤之中。土壤的重要性体现在：一方面，土壤中的生命组成一个庞大的食物网，驱动着土壤中各种元素的物质循环，这些过程使得土壤充满生机和活力；另一方面，生命死亡后的物质在土壤中积累了各种有机质，特别是腐殖质，创造了土壤结构，使得土壤具备保水保肥的能力。

（一）土壤是农林牧业最基本的生产基础

在人类赖以生存的物质生活中，人类消耗的约 80%以上的热量和 75%以上的蛋白质以及大部分纤维都是直接来源于土壤的。土壤是植被生长发育的基础，没有肥沃的土壤，植被将很难存活。土壤为植物提供了机械支撑，植物根系向下生长形成“锚杆”固定，使地上部分稳定生长。所以有句话叫作“民以食为天，食以土为本”，就是在描述土壤在生产生活中的重要性的。土壤是营养库，是陆地植物所必需的营养物质重要供给源，作物生长发育所需要的水、肥、气、热大多数直接或间接从土壤中获得。天然表土覆盖增加了土壤有机碳、腐殖质和土壤有效磷的含量，可以提供农作物生长所需的90%的氮和25%~50%的磷。此外，土壤在植物生长中也有着特殊作用，比如养分转化和循环的作用、雨水涵养作用、生物的支撑作用、稳定和缓冲环境变化的作用等。

（二）土壤是陆地生态系统的重要组成部分

土壤在各个圈层都有着举足轻重、不可或缺的作用，土壤圈对于岩石圈来说，起到地球保护层、地质循环的作用。在生态系统的五大圈层中，土壤圈是生物圈、岩石圈、大气圈和水圈的交界面，是能量转化与迁移、物质转化最为频繁的圈层。全球50%以上的有机、无机污染物最终会滞留在土壤中，经过一系列生物化学反应和物理沉淀，起到缓冲、降解、固定和解毒的作用。土壤圈与水圈的相互关系是水分循环和平衡，土壤圈在水分循环过程中起到了关键性作用。地面上的水分通过蒸发回到大气中，经过迁移后又以降水的形式掉落在地面上，补充地表地下水资源，形成水分大循环，土壤在水分循环过程中对水分的容纳可以减缓地表径流的产生，减缓径流冲刷导致土壤侵蚀的过程。土壤供给养分促进植物生长，植物吸收养分获得的能量在食物链中层层传递，最后经过分解又回到了土壤中，促进了养分循环，保障了自然的平衡。土壤与大气圈的相互作用是释放二氧化碳、硫化氢、二氧化氮以及吸收氧气等的功能。土壤有机碳在土壤团聚体中的固存和矿化过程，对于缓解气候变化和降低土壤退化风险具有重要意义。土壤固碳功能相当强大，全球土壤每年可固定$4\times10^{8}\sim12\times10^{8}$t碳，是地球表层生态系统最活跃的碳库之一，其固定的碳含量是大气碳库的两倍。土壤碳库稳定维护了大气中二氧化碳的浓度，保证了全球气候的稳定。

（三）土壤是最珍贵的自然资源

土壤资源的可再生性与质量的可变性，可以说是治之得宜，地力常新。而土壤资源数量的有限性，又可以理解为土壤资源的破坏就是等于现在的人类吃着祖先做熟的饭菜，又断了子孙后代的路。土壤资源空间分布的固定性，表现在土壤具有地带性分布规律。我国的土壤资源十分短缺，耕地用量仅占世界耕地面积的7.8%，却要养活占世界25%左右的人口，而且适宜开垦的土壤后备资源十分有限，即使克服开垦难度，将可以开垦的土壤资源全部开垦，我们土壤资源数量的有效和有限性依然尤为突出。从某种程度上来说，土壤资源的有效性已经成为制约经济、社会可持续发展的主要因素，未来有限的土壤资源供应能力与人类对土壤的总需求之间的矛盾将会日趋尖锐。所以，我们在日常生活和生产中，不仅要实现土壤资源开发与高效利用，更要保护土壤资源，强化国土治理，改善生态环境，提高水分的利用率。

（四）土壤资源是实现可持续发展的基础

可持续发展面临人口的零增长或负增长、资源破坏的零增长或负增长、生态环境恶化的零增长或负增长。而我们人类在短期内不可逆转的趋势是，耕地减少、人口增长和消费水平的提高，这些不可逆转的局面又增添了粮食供应压力加大。土壤提供原材料、构建景观及保护文化遗产。人们利用黏土来烧制陶瓷，便利自己的生活；土壤中的沙石、矿物可以与水泥混合形成混凝土，被广泛用于生产建设活动中；土壤可以构成自然景观，如五色土、张掖丹霞地貌等奇特的土壤风景线；土壤还可以用于考古。土壤见证了不同文明的兴衰，其遗物遗迹被埋没在土壤中，土壤的理化性质会因此发生改变，为考古提供科学依据。房地产业的过度开发将上好的良田建成楼宇建筑。党的十八大报告提出建设美丽中国，强调把生态文明建设放在首位。耕地减少、土壤污染是人民群众比较关心的问题，加强土壤污染治理才能保障我国社会、经济与生态持续发展。党的十九大报告提出针对土壤中的污染问题，要加快生态文明体制改革，践行绿水青山就是金山银山的发展理念，坚决打好污染防治攻坚战，助力中华民族伟大复兴中国梦的实现。

（五）土壤能保护生物的多样性

土壤是地球上生物种类最丰富、数量最多的亚系统。在陆地生态系统中土壤动物是除土壤微生物以外最为丰富的生物类群，目前仅有1%~5%的土壤动物被描述。土壤为它们提供了栖息地（或潜在动植物群落发展地）和繁殖场所，对于保护和提高动物多样性具有重要作用。土壤被认为是地球上最大的遗传基因库，1g 土壤里可能包含了多达 800 万种微生物，数十亿的微生物细胞，其基因组相比于人类的基因组要丰富 1 000 倍。而我们对于土壤微生物的认知甚少，95%以上的微生物尚未被分离培养过。植物种子成熟后掉落在土壤中，使表土成为一个强大的种子基因库。土壤种子基因库是潜在的植物群落，是植被生生不息繁衍下去的前提与保障，保证了植物的多样性。土壤还是“资源库”，可以为人类提供具有药用价值的生物。我们临床所用的抗生素大多数来自土壤中的微生物，土壤动物如蚯蚓、蚂蚁等也具有药用价值，可以治疗疾病。

第二章　土壤形成过程与分类

一、土壤形成过程

土壤形成的过程极为缓慢，每 500 年才能形成大约 0.05mm 的土壤，土壤是不可再生资源，是比石油更重要的战略资源。

地球表面坚硬的岩石形成疏松的具有肥力的土壤，需要经过两个漫长的过程，即岩石的风化过程和土壤的形成过程。在岩石风化过程的同时，伴随着土壤的形成过程。两个过程同时进行，相辅相成。随着岩石热胀冷缩的开裂、低等生物（如蓝藻、地衣、苔藓）的侵入、化学和生物的溶解、有机物质的不断积累，形成了层次分明的土壤剖面（图 2-1）。

自然土壤剖面

水稻田剖面

图 2-1　土壤剖面

岩石经过风化作用，破碎形成母质。母质是形成土壤的基本材料。岩石风化和土壤母质的形成使地球表面的岩石在空气、水、温度和生物活动的影响下，发生破碎，并使岩石成分和性质等改变的过程，称为岩石的风化过程。受外力影响引起岩石破碎和分解的作用称为风化作用。按照风化作用的因素和特点，可将风化作用分为物理风化作用、化学风化作用和生物风化作用三种类型。

（一）物理风化作用

物理风化作用是指岩石在物理因素作用下逐渐崩解破碎的过程。物理风化明显改变了岩石的大小形状，而其矿物组成和化学成分并未改变，但岩石却获得了通气透水的性质。引起物理风化的主要原因是地球表面温度的变化。此外，冰冻的挤压，流水的冲刷，风、冰川等自然动力对岩石的磨蚀，均能加速岩石的破碎。当岩石破碎到小于0.01mm时，物理风化作用明显减缓。通过物理风化，岩石具有了较好的通透条件，更有利于化学风化作用的进行。

（二）化学风化作用

化学风化作用是指岩石在水、二氧化碳和氧气等物质参与下，使已经破碎的岩石变成更细小的碎屑，而且改变其组成和性质，产生新的矿物和黏粒的过程。化学风化中水起主要作用。化学风化作用包括溶解作用、水化作用、水解作用、氧化作用等。风化的结果，使岩石进一步分解，彻底改变了原来的岩石矿物组成和性质，产生新的次生黏土矿物，其颗粒很细，一般小于0.001mm，呈胶体分散状态，使母质开始具有吸附能力、黏结性和可塑性，并出现毛管现象，有一定的蓄水能力。同时也释放出一些简单的可溶性盐，成为植物养料的最初来源。

（三）生物风化作用

生物风化作用是指岩石在生物因素的作用下，进行崩解和分裂的过程。生物对岩石、矿物的破坏，一是机械破碎，二是生物化学分解。如岩石裂隙中的林木根系，对岩石有较强的挤压力。土壤动物、昆虫对岩石有机械搬运破碎作用；低等植物地衣对岩石穿插，化学溶解作用极强；菌丝体可深入岩石内数毫米，甚至连最难风化的石英也会呈鳞片状脱落。生物风化最为重要的影响是土壤中微生物能分泌各种酸类破坏岩石，释放出养分，积累有机质，对形成土壤、改善土壤肥力状况起着积极的作用。任何地区土壤的形成，都不可能在没有生物参加的条件下完成。此外，人类的各种建设活动，如开矿、筑路、平整土地、开山造田、兴修水利等，都能使岩石遭受破坏，加速其风化过程。在自然界中，三种风化作用同时并存、相互联系、相互促进，只是在不同的条件下，各种风化作用强弱有别。在我国少雨、干旱而又寒冷的北方地区，物理风化占优势，风化后所形成的矿物颗粒较粗大，以石砾、砂粒和粉砂粒为主。而在多雨、湿热的南方地区，化学风化和生物风化作用强，风化较为彻底，风化后形成较细的黏粒。矿物岩石经各种风化作用后形成的疏松多孔体称为成土母质。母质不同于岩石，其颗粒小，单位体积的比表面积较大，成土母质初步具备了提供养分、对水分的通透性和吸持保蓄性、对气热的调节能力。但是在母质中还没有植物生长所需要的氮素，可溶性的有效养分被淋溶，水、气、肥、热的状况还不能协调。因此，母质并不完全具备肥力的条件，但为土壤的形成和发展奠定了物质基础。

二、自然土壤的形成和发展

自然土壤的形成是风化作用与成土作用同时作用的结果，也可以说是微生物和绿色植物在土壤母质上活动的结果。影响土壤形成的因素一般为气候、有机体、海拔、母质和时间，其实质是物质的地质大循环和生物小循环的矛盾与融合。

（一）物质的地质大循环

岩石经风化形成大小不等的碎屑和黏土矿物（成土母质），同时产生一些可溶于水的矿质盐类，如磷、钾、钙、镁等释放出来并转变成氯化物、硫酸盐、碳酸盐、磷酸盐等。这些物质由于雨水的淋洗和地表径流不断地从高处向低处经过江河流入海洋。进入海洋的这些物质，除少数被海洋生物吸收外，大部分沉积在海底，参与沉积岩的形成。沉积岩经过漫长的地质年代，随着地壳的运动、海陆变迁，再自海底上升为陆地。这样，植物养料元素又存在于大陆，再次进行风化、淋溶、入海、沉积等过程。这种不断的循环过程，是在地质作用下进行的，不仅周期长，而且涉及的范围特别广，所以称为物质的地质大循环。但是，仅有物质的地质大循环，还是不能形成土壤。

因为养分是构成土壤肥力的一个重要因素，在物质的地质大循环中，养料不能保蓄和集中在土壤中，因而肥力得不到发展，土壤不能形成。

（二）营养元素的生物小循环

岩石矿物风化产生的成土母质，松散多孔，通气透水，具备了植物生长所需的水、气和部分养分等条件，植物有了生长的可能性。在原始幼年的土壤母质上，只有一些低等植物（地衣类和苔类），它们从空气中吸收二氧化碳和氮制造有机物质，使母质中积累了一定的氮素养料。之后随着绿色植物的出现，由于其根系的选择性吸收作用，吸收了岩石中释放出来的可溶性养料，在微生物的参与下合成自身的有机物质。这些植物体死亡以后，有机物质在微生物的参与下分解，释放出可溶性的养料元素，供下一代植物吸收和利用。这样，有限量的养料元素经生物的作用，便发挥了无限的营养作用。由于生物的生存与死亡，有机物质的合成与分解，营养元素被吸收、固定和释放的这种循环过程，时间短、速度快、涉及范围都远比地质大循环小，所以称为营养元素的生物小循环。生物小循环过程，使土壤中富集了养料元素，使土壤肥力形成并不断发展。可见，生物小循环是在地质大循环的基础上进行的，两者统一于母质上，生物小循环是土壤形成的动力。两者必须同时进行，互相促进，使营养物质释放出来，使母质具有肥力，形成土壤。所以说，土壤形成的过程就是土壤肥力不断提高的过程。

三、主要成土过程

根据土壤形成中物质、能量的交换、迁移、转化、累积的特点，可将成土过程归纳为原始成土过程、有机质积聚过程、黏化过程、钙积与脱钙过程、盐化与脱盐过程、碱化与脱碱过程、白浆化过程、灰化过程、潴育化过程、富铝化过程、熟化过程等基本类型。

（一）原始成土过程

从岩石露出地面有微生物着生开始到高等植物定居之前形成土壤的过程，称为原始成土过程，它是土壤形成过程的起始点。原始成土过程可与岩石风化作用同步进行。

（二）有机质积聚过程

有机质积聚过程是指在各种植被下，有机质在土体上部积累的过程，有机质积累过程的结果，往往在土体上部形成一暗色的腐殖质层。由于植被类型、覆盖度以及有机质的分解情况不同，有机质积聚的特点也各不相同。

（三）黏化过程

黏化过程是指土体中黏土矿物的生成和聚积过程，包括淋溶淀积黏化和残积黏化。淀积黏化是指经风化和成土作用形成的黏粒，受水分的机械淋洗，由土体上层向下迁移到一定深度聚集。残积黏化是原地发生的黏化作用，未经迁移。黏化过程的结果一般为，在土体中下层形成一个相对较黏重的层次，称为黏化层。

（四）钙积与脱钙过程

钙积过程主要是指干旱、半干旱地区土壤中的碳酸盐发生淋溶、淀积的过程。由于土壤淋溶较弱，大部分易溶性盐类被淋洗，土壤胶体表面和土壤溶液多为钙（或镁）饱和。土壤表层残存的钙离子与植物残体分解时产生的碳酸结合，形成溶解度大的重碳酸钙，在雨季随水向下移动至一定深度，由于水分减少和二氧化碳分压降低，重新形成碳酸钙淀积于剖面的中部或下部，形成钙积层。与钙积过程相反，在降水量大于蒸发量的条件下，土壤中的碳酸钙将转变为重碳酸钙溶于土壤水而从土体中淋失，称为脱钙过程，使土壤变为盐基不饱和状态。

（五）盐化与脱盐过程

盐化过程是指土体中各种易溶性盐类在土壤表层积聚的过程。除海滨地区外，盐化过程多发生在干旱、半干旱地区。当土壤中可溶性盐类聚积到对作物发生危害时，即成为盐渍土。盐渍土由于降水或人为灌水洗盐，结合挖沟排水，降低地下水位等措施，可使其所含的可溶性盐逐渐降低或迁到下层或排出土体，这一过程称为脱盐过程。

（六）碱化与脱碱过程

碱化过程是指土壤胶体中钠离子饱和的过程，又称为钠质化过程。碱化过程的结果可使土壤呈强碱性，pH 值大于 9，土壤物理性质极差，作物生长困难，但含盐量一般不高。脱碱过程是指通过淋洗和化学改良，使土壤胶体中钠离子饱度降低的过程。

（七）白浆化过程

白浆化过程是指土体中出现还原高铁高锰作用而使某一土层漂白的过程，主要发生在较冷凉湿润和质地黏重地区，使土壤表层逐渐脱色，形成铁锰贫乏，板结和无结构状态的白色淋溶层—白浆层。该过程的发生与地形条件有关，多发生在白浆土中。

（八）灰化过程

灰化过程是指土体表层（特别是亚表层）三氧化二物及腐殖质淋溶淀积而二氧化硅残留的过程，要发生在寒温带针叶林植被条件下，残落物经微生物作用后产生酸性很强的富里酸及其他有机酸，使铁铝等发生强烈的络合淋溶作用而淀积于下部，而二氧化硅则残留在土体的上部，从而使亚表层形成一个灰白色淋溶层，称为灰化层。

（九）潴育化过程

潴育化过程是指土壤形成中的氧化还原交替进行的过程，主要发生在直接受地下水浸润的土层中，由于地下水位周期性的升降使土体中干湿交替比较明显，引起土壤中变价物质的氧化还原交替进行，并发生淋溶与淀积，在土体内形成一个具有锈纹锈斑、铁锰结核和红色胶膜的土层，称为潴育层。

（十）潜育化过程

潜育化过程是指土体中发生的还原过程。在排水不良的条件下，土壤长期渍水，形成嫌气状态，有机质进行嫌气分解成了比较强烈的还原环境，使土壤矿物质中的高价铁锰转化为亚铁锰，从而形成一个呈蓝灰色或青灰色的还原层，称为潜育层。

（十一）富铝化过程

富铝化过程也称富铁铝化作用，是指土体中脱硅富铁铝的过程。在热带、亚热带湿热气候条件下，由于硅酸盐矿物强烈分解释放出盐基物质，使风化液呈中性或碱性，可溶性盐、碱金属和碱土金属盐基离子及硅酸大量流失，而铁铝（锰）发生沉淀，造成铁铝（锰）在土体内相对富集的过程。它包括了脱硅作用和铁铝相对富集作用，所以一般也称为“脱硅富铝化”过程。

（十二）熟化过程

土壤的熟化过程一般是指在人为因素影响下，通过耕作、施肥、灌溉、排水和其他措施，改造土壤的土体构型，减弱或消除土壤中存在的障碍因素，协调土体水、肥、气、热等，使土壤肥力向有利于作物生长的方向发展的过程。通常把旱作条件下的土壤培肥称为旱耕熟化过程，而把淹水耕作条件下培肥土壤的过程称为水耕熟化过程。熟化过程受自然因素和人为因素的综合影响，但以人为因素占主导地位。

四、土壤分类

根据风化岩石的大小，可以将土壤按从小到大的顺序大致分为黏粒（<0.002mm）、粉粒（0.002~0.05mm）和砂粒（0.05~2.0mm）。这三种不同大小的风化和侵蚀岩石共同组成了土壤。根据这三种大小颗粒的不同比例，土壤将具有不同的性质（图 2-2）。如果一种土壤中有 25%是砂粒，40%是粉粒，35%是黏粒，那它为黏壤土。如果是 10%的黏粒，40%的砂粒，50%的粉粒，则可称为粉壤土。所有这些不同组合形成的土壤都具有不同的性质。如果土壤更接近黏土，它可以保留更多的水分，但植物的根将难以穿过它生长。如果它更接近砂土，则蓄水能力会更差，但植物更容易生根。而粉土是介于两者之间的，有不同程度的特征。

土壤形成的过程发生在数千年的时间里。由于大自然的随机性，土壤并没有完全固定的形态。但在大多数地方，它通常可以在垂直向上被分为五个不同的层（图 2-3）。最上面的是 O 层，O 代表有机残留物层，这是大部分被称为碎屑的死植物物质所在的地方，厚度一般在 10cm 以内。然后是 A 层，A 代表淋溶层，是表层土壤所在的地方，亦被称为生物地幔，因为这也是大多数土壤生物居住的地方，厚度一般在 25cm 左右。B 是下一个地层，B 代表沉积层，通常是植物的根寻找土壤的最深的地方，厚度一般在 30~100cm。C 层代表母质层，是基岩慢慢分解成土壤的地方，大部分是大块的

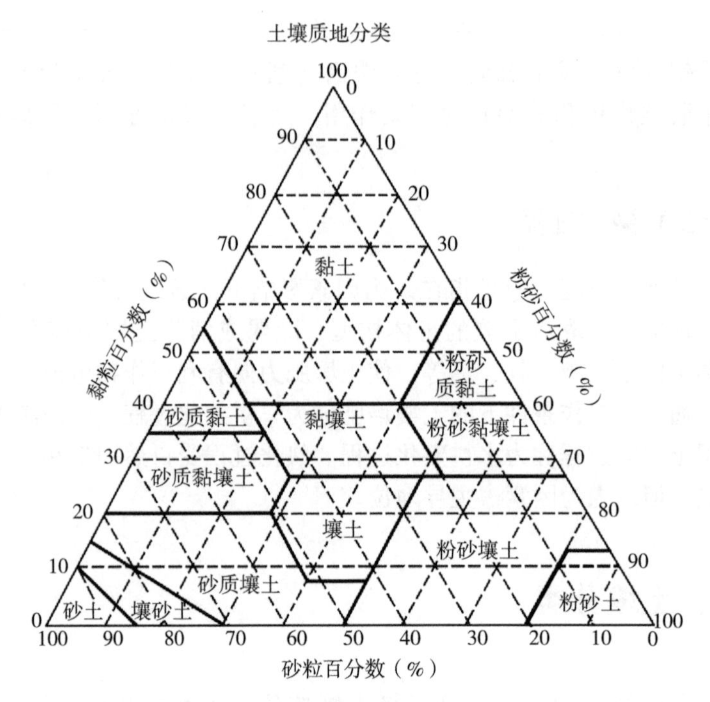

图 2-2　土壤质地三角形

岩石和砂砾，中间有一些土壤，厚度一般在 100cm 以下。最底层是 R 层，代表基岩，是岩石层。

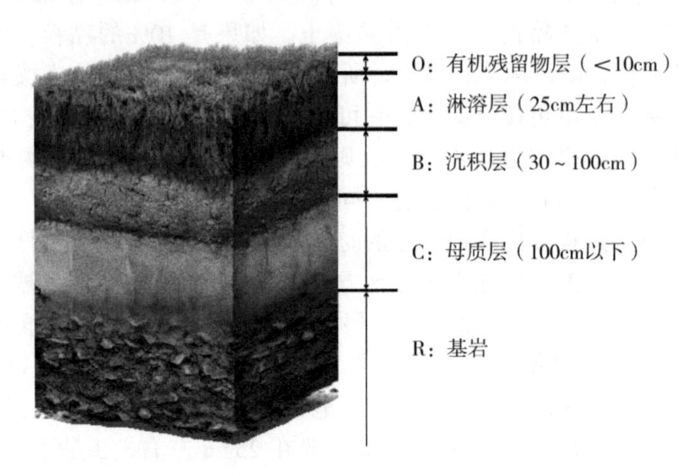

图 2-3　土壤分层示意图

根据土壤层的特征，可以进行一个简单的分类，中国土壤分类有关土纲和土类的划分见表 2-1。

表 2-1 土壤分类之土纲和土类的划分（1992 年）

土纲	亚纲	土类	亚类
铁铝土	湿热铁铝土	砖红壤	砖红壤 黄色砖红壤
		赤红壤	赤红壤 黄色赤红壤 赤红壤性土
		红壤	红壤 黄红壤 褐红壤 山原红壤 红壤性土
	湿暖热铁铝土	黄壤	黄壤 漂洗黄壤 表潜黄壤 黄壤性土
半淋溶土	半湿热半淋溶土	燥红土	燥红土 淋溶燥红土 褐红土
	半湿暖温半淋溶土	褐土	褐土 石灰性褐土 淋溶褐土 潮褐土 楼土 燥褐土 褐土性土
	半湿温半淋溶土	灰褐土	灰褐土 暗灰褐土 淋溶灰褐土 石灰性灰褐土 灰褐土性土
		黑土	黑土 草甸黑土 白浆化黑土 表潜黑土

土纲	亚纲	土类	亚类
淋溶土	湿暖淋溶土	黄棕壤	黄棕壤 暗黄棕壤 黄棕壤性土
		黄褐土	黄褐土 黏盘黄褐土 白演化黄褐土 黄褐土性土
	湿暖温淋溶土	棕壤	棕壤 白浆化棕壤 潮棕壤 棕壤性土
	湿温淋溶土	暗棕壤	暗棕壤 灰化暗棕壤 白浆化暗棕壤 草甸暗棕壤 潜育暗棕壤 暗棕壤性土
		白浆土	白浆土 草甸白浆土 潜育白浆土
	湿寒温淋溶土	棕色针叶林土	棕色针叶林土 灰化棕色针叶林土 白浆化棕色针叶林土 表潜棕色针叶林土
		漂灰土	漂灰土 暗漂灰土
		灰化土	灰化土

（续表）

土纲	亚纲	土类	亚类
半淋溶土	半湿温半淋溶土	灰色森林土	灰色森林土 暗灰色森林土
干旱土	干温干旱土	棕钙土	棕钙土 淡棕钙土 草甸棕钙土 盐化棕钙土 碱化棕钙土 棕钙土性土
	干暖温干旱土	灰钙土	灰钙土 淡灰钙土 草甸灰钙土 盐化灰钙土
初育土	土质初育土	黄绵土	黄绵土
		红黏土	红黏土 积钙红黏土 复盐基红黏土
		新积土	新积土 冲积土 珊瑚砂土
		龟裂土	龟裂土

土纲	亚纲	土类	亚类
钙层土	半湿温钙层土	黑钙土	黑钙土 淋溶黑钙土 石灰性黑钙土 淡黑钙土 草甸黑钙土 盐化黑钙土 碱化黑钙土
	半干温钙层土	栗钙土	暗栗钙土 栗钙土 淡栗钙土 草甸栗钙土 盐化栗钙土 碱化栗钙土 栗钙土性土
	半干暖温钙层土	栗褐土	栗褐土 淡栗褐土 潮栗褐土
		黑垆土	黑垆土 黏化黑垆土 潮黑垆土 黑麻土
漠土	干温漠土	灰漠土	灰漠土 钙质灰漠土 草甸灰漠土 盐化灰漠土 碱化灰漠土 灌耕灰漠土
		灰棕漠土	灰棕漠土 草甸灰棕漠土 石膏灰棕漠土 石膏盐盘灰棕漠土 灌耕灰棕漠土
	干暖温漠土	棕漠土	棕漠土 草甸棕漠土 盐化棕漠土 石膏棕漠土 石膏盐盘棕漠土 灌耕棕漠土

（续表）

土纲	亚纲	土类	亚类
初育土	土质初育土	风沙土	荒漠风沙土 草原风沙土 草甸风沙土 滨海风沙土
		粗骨土	酸性粗骨土 中性粗骨土 钙质粗骨土 质岩粗骨土
	石质初育土	石灰（岩）土	红色石灰土 黑色石灰土 棕色石灰土 黄色石灰土
		火山灰土	火山灰土 暗火山灰土 基性岩火山灰土
		紫色土	酸性紫色土 中性紫色土 石灰性紫色土
		磷质石灰土	磷质石灰土 硬盘磷质石灰土 盐渍磷质石灰土
		石质土	酸性石质土 中性石质土 钙质石质土 含盐石质土

土纲	亚纲	土类	亚类
半水成土	暗半水成土	草甸土	草甸土 石灰性草甸土 白浆化草甸土 潜育草甸土 盐化草甸土 碱化草甸土
	淡半水成土	潮土	潮土 灰潮土 脱潮土 湿潮土 盐化潮土 碱化潮土 灌淤潮土
		砂浆黑土	砂浆黑土 石灰性砂浆黑土 盐化砂浆黑土 碱化砂浆黑土 黑黏土
		林灌草甸土	林灌草甸土 盐化林灌草甸土 碱化林灌草甸土
		山地草甸土	山地草甸土 山地草原草甸土 山地灌丛草甸土
水成土	矿质水成土	沼泽土	沼泽土 腐泥沼泽土 泥炭沼泽土 草甸沼泽土 盐化沼泽土 碱化沼泽土
	有机水成土	泥炭土	低位泥炭土 中位泥炭土 高位泥炭土

（续表）

土纲	亚纲	土类	亚类
盐碱土	盐土	草甸盐土	草甸盐土 结壳盐土 沼泽盐土 碱化盐土
		滨海盐土	滨海盐土 滨海沼泽盐土 滨海潮滩盐土
		酸性硫酸盐土	酸性硫酸盐土 含盐酸性硫酸盐土
		漠境盐土	漠境盐土 干旱盐土 残余盐土
		寒原盐土	寒原盐土 寒原草甸盐土 寒原硼酸盐土 寒原碱化盐土
	碱土	碱土	草甸碱土 草原碱土 龟裂碱土 盐化碱土 荒漠碱土

土纲	亚纲	土类	亚类
高原山土	湿寒高山土	草毡土（高山草甸土）	草毡土 （高山草甸土） 薄草毡土 （高山草原草甸土） 棕草毡土 （高山灌丛草甸土） 湿草毡土 （高山湿草甸土）
		黑毡土（亚高山草甸土）	黑毡土 （亚高山草甸土） 薄黑毡土 （亚高山草原草甸土） 棕黑毡土 （亚高山灌丛草甸土） 湿黑毡土 （亚高山湿草甸土）
	半湿寒高山土	寒钙土（高山草原土）	寒钙土 （高山草原土） 暗寒钙土 （高山草甸草原土） 淡寒钙土 （高山荒漠草原土） 盐化寒钙土 （亚高山由盐渍草土）
		冷钙土（亚高山草原土）	冷钙土 （亚高山草原土） 暗冷钙土 （亚高山草甸草原土） 淡冷钙土 （亚高山荒漠草原土） 盐化冷钙土 （亚高山盐渍草原土）
		冷棕钙土（山地灌丛草原土）	冷棕钙土 （山地灌丛草原土） 淋淀冷棕钙土 （山地淋溶灌草原土）
	干寒高山土	寒漠土（高山漠土）	寒漠土 （高山漠土）

（续表）

<table>
<tr><th>土纲</th><th>亚纲</th><th>土类</th><th>亚类</th><th>土纲</th><th>亚纲</th><th>土类</th><th>亚类</th></tr>
<tr><td rowspan="3">人为土</td><td>人为水成土</td><td>水稻土</td><td>潴育水稻土
淹育水稻土
渗育水稻土
潜育水稻土
脱潜水稻土
漂洗水稻土
盐渍水稻土
咸酸水稻土</td><td rowspan="3">高原山土</td><td>干寒高山土</td><td>冷漠土（亚高山漠土）</td><td>冷漠土
（亚高山漠土）</td></tr>
<tr><td>灌耕土</td><td>灌淤土</td><td>灌淤土
潮灌淤土
表锈灌淤土
盐化灌淤土</td><td rowspan="2">寒冻高山土</td><td rowspan="2">寒冻土（高山寒冻土）</td><td rowspan="2">寒冻土
（高山寒冻土）</td></tr>
<tr><td>灌漠土</td><td>灌漠土</td><td>灰灌漠土
潮灌漠土
盐化灌漠土</td></tr>
</table>

一些发达国家如美国将土壤主要分为新成土、弱育土、灰化土、淋溶土、老成土、旱成土、松软土、火山灰土、有机土、变性土等，在国际上应用较为广泛。

（一）新成土

新成土是具有弱度或没有土层分化的土壤。土壤性状基本保持土壤母质的特性，仅有淡薄表层，广泛分布于大江大河两岸、河口三角洲、冲积平原以及风沙物质积聚区。而新成土继续发育可形成弱育土（始成土）。

（二）弱育土

弱育土是指土壤发育程度微弱，土壤剖面层次分异不明显，母质特征显著，土壤保持相对的幼年阶段，并明显区别于地带性土壤的一些土壤类型。

（三）灰化土

灰化土大多在针叶林和北方森林生物群落中存在。由于松针落在地上并分解成酸性化合物，使土壤呈酸性。目前只在大兴安岭北端与青藏高原某些高山亚高山垂直带中有所发现。

（四）淋溶土

淋溶土是指湿润土壤水分状况下，石灰充分淋溶，具有明显黏粒淋溶和淀积的土壤。淋溶土的有机质含量较高，表层有机质含量为 40~80g/kg，高的可达 150g/kg 以上，主要分布于冲积平原地区中。

（五）老成土

老成土在成土过程中常处于湿润状态，但在暖季部分时间里，部分土壤干燥、风化和淋溶程度高，受化学风化影响而有盐基移动。

（六）旱成土

旱成土的土壤发育程度很浅，有机质含量低，属具有浅色表层的矿质土壤。旱成土发育于干旱半干旱气候和荒漠植被条件下，为荒漠地区的主要土壤，包括漠境土、红色漠境土、灰钙土和盐土等。

（七）松软土

松软土又称黑沃土，常分布于中纬度的半干旱到半湿润的地区，特别是草原地带。形成松软土的主要机制是分解及腐殖化等。松软土外观上呈显著红色的氧化土，属高度风化、具有氧化层的矿质土壤。它们多发育于热带或亚热带低地和中等高地的缓坡或中等坡地上，养分利用率很低，也不是很肥沃。

（八）火山灰土

火山灰土是专指发育在火山喷发物和火山碎屑物上的土壤，包括弱风化含有大量火山玻璃质的土壤和较强风化的富含短序黏土矿物的土壤。

（九）有机土

有机土是在地面积水或长期土壤水分饱和，生长水生植物的条件下，以泥炭化成土过程为主，富含有机质的土壤，相当于土壤发生分类中的有机水成土，全球地势低洼地区都有分布。

（十）变性土

变性土发育于有明显干湿季节交替的气候条件下，富含由蒙脱石、伊利石或混生矿物为主要成分的黏粒构成的矿质土壤。黏粒的来源可能是黏土状沉积物或基性岩浆岩经受化学作用发迹的结果。因黏粒含量多，土壤膨胀收缩性大，湿时黏韧，干时开裂，裂隙深（50cm）而宽（2.5cm）。地表呈草丘微地貌，心土有交错滑动的擦痕与水平斜交的楔状体结构。

第三章　土壤圈及其与环境的相互作用

一、土壤圈的概念

土壤圈是指覆盖于地球表面和浅水域底部的土壤所构成的一种连续体(或覆盖层)。它是地圈系统的重要组成部分，处于气圈、水圈、生物圈与岩石圈的界面，既是这些圈层的支撑者，又是它们长期共同作用的产物。土壤是岩石圈、水圈、生物圈及气圈相互作用的产物。土壤圈的地位如图 3-1 所示。

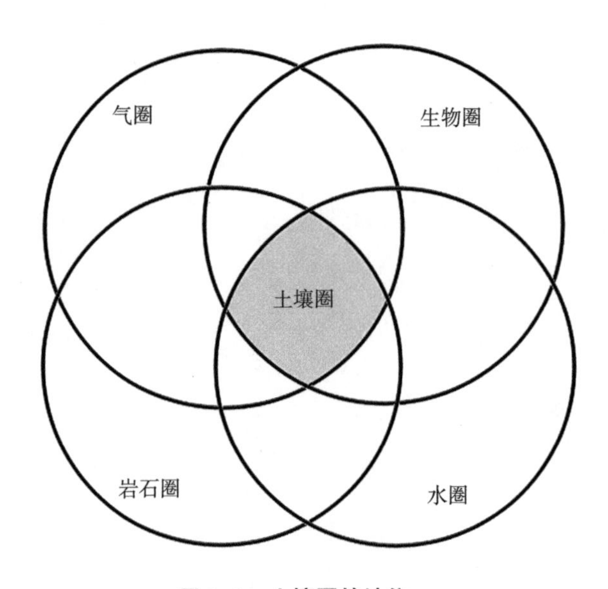

图 3-1　土壤圈的地位

土壤圈有几方面特征。①土壤圈是永恒的物质与能量交换场所。土壤圈是生物与非生物物质间最重要与最强烈的相互作用界面，它与其他地球圈层间进行着永恒的物质与能量交换。②土壤圈是最活跃与最富生命力的圈层。土壤圈是地球圈层系统的界面与交互层，具有对各种物质循环与物质流起维持、调节和控制作用。它是地球圈层系统中最活跃最富活力的圈层之一。③土壤圈具有“记忆”功能。古往今来的气候、生物及岩石对土壤形成过程、土壤性质的影响，都会在土体上留下“烙印”，即记忆信息，为人们研究土壤的今昔变化及其未来的发展提供依据。土壤宛如一个“记忆块”。④土壤圈具有时空特征。土壤圈的空间特征主要通过土壤厚度及土壤分布面积表现出来；土壤时间则表现在土壤形成、演变上，这些变化时间，一般为$10\sim10^6$年。⑤土壤圈仅部分为可再生资源。土壤圈并非完全为可再生资源，为此，对其有用的各种物质，特别是不可再生的部分，应充分利用与保护，以便在生存环境中发挥作用。

二、土壤圈的作用

从土壤圈与整个地球圈层关系看，其作用有四个方面（图 3-2）。①对生物圈：支持与调节生物过程；提供各种植物生长的养分、水分与适宜的物理条件；决定自然植被的分布与演替。但土壤圈的各种限制因素对生物也有不良影响。②对气圈：影响气圈化学组成、水分与热量平衡；吸收氧气，释放二氧化碳、甲烷、硫化氢、一氧化二氮等，对全球大气变化有明显影响。③对水圈：影响降水在陆地和水体的重新分配；影响元素的表生地球化学行为；影响水分平衡、分异、转化及水圈的化学组成。④对岩石圈：作为地球的“皮肤”，对岩石圈具有一定的保护作用，以减少其遭受各种外营力破坏；与岩石圈进行互为交换与地质循环。

土壤圈与全球环境变化密切相关，全球变化主要是指全球性的与人类生存休戚相关的环境问题的变化，包括温室效应、臭氧空洞的形成、森林锐减和物种灭绝、土地退化（荒漠化）及淡水资源短缺等变化。从本质上讲，这些变化涉及地球系统各圈层间的相互作用，人与环境的相互作用，并且是地球系统中物理、化学及生物过程长期交互作用的结果。土壤圈作为地球系统圈层的组成部分，它在上述全球性环境变化中，主要反映在土壤全球变化对世界全球变化的影响。具体表现为：①通过土壤圈与其他圈层间的物质交换，影响全球土壤变化。如土壤圈与生物圈通过养分元素的吸收、迁移与交

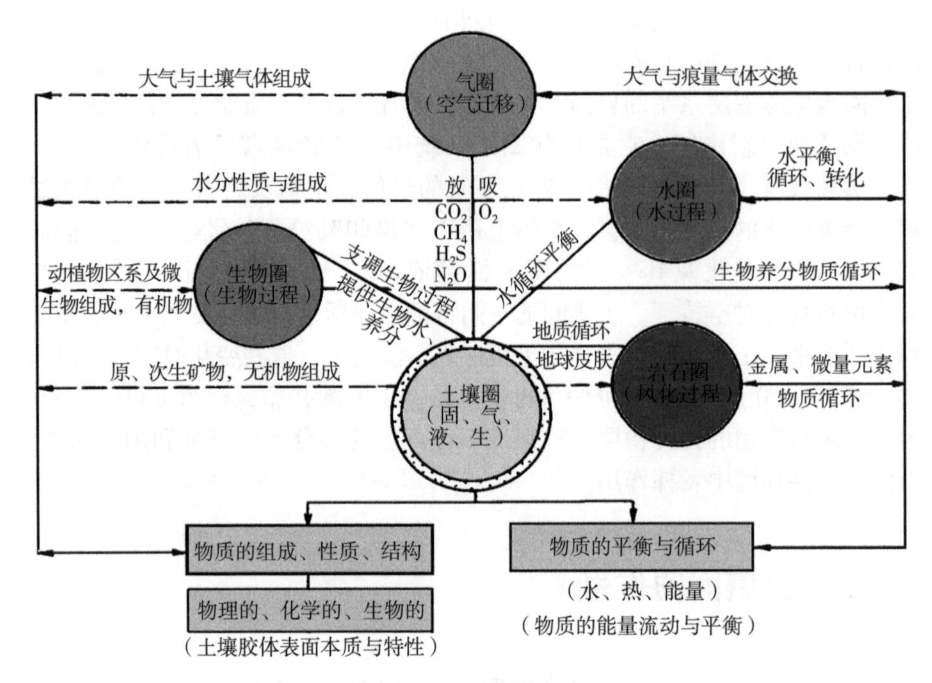

图 3-2　土壤圈的作用

换，对植物凋落物组成与演替发生影响。如热带雨林、热带季雨林及热带稀树草地之间的有其特定的元素迁移顺序，并随迁移顺序的改变而相互交替；土壤圈与岩石圈主要通过不同母质发育土壤的元素迁移与物质循环影响成土过程与基本特征，南方地区土壤中硼、锰、钴、铅、钛、锌、钇等元素淋失大于积累，而钡、铬、铜、镍则相反；土壤圈与水圈物质循环是通过水分对土壤圈元素的迁移表现的，大陆年径流量为 370×10^{14} L，每年从陆地流失的化合物为 $4\ 000\times10^{8}$t，说明对环境变化影响显著；土壤圈与大气圈是大量气体及痕量气体的交换。通过固氮作用、光合作用及大气降水，使大气圈中气体及一些元素向土壤迁移，同时土壤圈中，通过有机质分解过程和碳、氮、硫的转化过程，使部分痕量气体向大气释放，产生温室效应，对全球气候变化起重大影响。②通过全球土被在时空上的演变，如土壤形成过程及土壤性质等的变化，引起土壤全球变化。例如在土壤资源形成中，在稳定的自然环境下，水、气、热状况的改变较平稳，其利用状况良好，在侵蚀条件下，土壤表层丧失，肥力减退，而在积累状况下，由于不断受火山及冲、堆积物的覆盖，土被资源永远处于幼年阶段。③通过人为活动对土壤圈的强烈作用，对土壤全球变化及生存环境产生影响，主要表现为：一是人为砍伐森林，加剧水土流失，过牧过垦及城市建设等条件下，土地结构随之发生变化。如人类干扰前，世界林地 60×10^8 hm^2，1954 年减至 $40\times10^8hm^2$，近 30 年每年减少 $800\times10^4hm^2$。二是土壤资源利用不当、管理不善及陡坡过垦，使土壤出现侵蚀化、沙化、沼泽化、盐渍化及土壤肥力不断贫瘠化等土地退化现象，进而影响整个生存环境。三是硬水稻田、沼泽及湖泊的利用，产生了二氧化碳、一氧化二氮、甲烷、硫化氢等痕量气体对全球增温有显著影响。

由此可见，土壤圈在全球变化中的作用主要是通过物质与能量循环影响植被的形成、土壤的发育、水质的变化与气体的交换；通过土被时空变化，影响土地资源的利用与稳定性；通过人为活动影响土地结构、土地退化及温室效应气体的释放。所有这些变化，都是全球土壤变化与生存环境变化的重要方面。

三、土壤圈与生态环境的物质循环

土壤圈物质循环与能量交换所表现的全球土壤变化，对大气、生态与环境有着直接影响，特别是由于人类活动的长期影响，当今全球性的许多变化，如水稻田与沼泽土引起的痕量气体发射，生态系统破坏引起的水土资源严重退化，工业与农业带来的水土与环境污染等都是全球土壤与土壤圈物质循环所反映的变化。

（一）土壤圈主要元素循环对大气和水环境的影响

土壤对大气中温室气体的作用包括源和汇两方面（图 3-3）。源是指向大气释放温室气体，汇是指对大气温室气体的吸收和消耗。这些过程主要和土壤中碳氮循环过程有关，是土壤微生物、植物根系、土壤动物和原生动物共同作用的结果，影响因素包括大气变化、土壤温度、湿度和养分等。土壤圈不仅是大气圈水气的源和汇之一，也是二氧化碳、甲烷、二氧化氮、氧化氮等温室气体的源和汇之一，土壤向大气圈发射对大气化学性质和云层光学性质产生影响的温室效应有关的某些含硫有机体，如二甲硫、羰基硫和二硫化碳，因此也是大气中含有有毒元素粉尘的源和汇之一。以碳循环为例，大量来自作物活性碳源的输入将会不同程度促进土壤有机质快速分解及土壤呼吸排放。在厌氧条件下，产甲烷古菌主要依赖于作物光合作用同化的碳源作为其自身产甲烷的底物来源。大气中二氧化碳浓度升高促进作物生长和根系分泌物形成，为产甲烷微生物提供丰富的含碳底物，而且大气中二氧化碳浓度增加不仅有利于甲烷的产生，同时还通过抑制蒸腾作用促进甲烷向地表输送。土壤理化性质也会影响温室气体排放对大气二氧化碳浓度变化。一方面，大气中二氧化碳浓度升高增加土壤水分含量，促进土壤呼吸排放，尤其是在干旱和半干旱的生态系统中表现更为突出，主要是由于大气中二氧化碳浓度升高在一定程度上能提高作物对水分的利用效率，减少土壤水分的损失消耗。另一方面，大气二氧化碳浓度升高条件下相关土壤功能微生物的活性主要取决于作物地下生物量碳和氮的输入分配及其底物的有效性。土壤温室气体排放对大气中二氧化碳浓度影响还受二氧化碳富集强度和作物生长的影响，通常大气中二氧化碳浓度升高对温室气体排放的增加效应随其富集强度的增加而减弱。

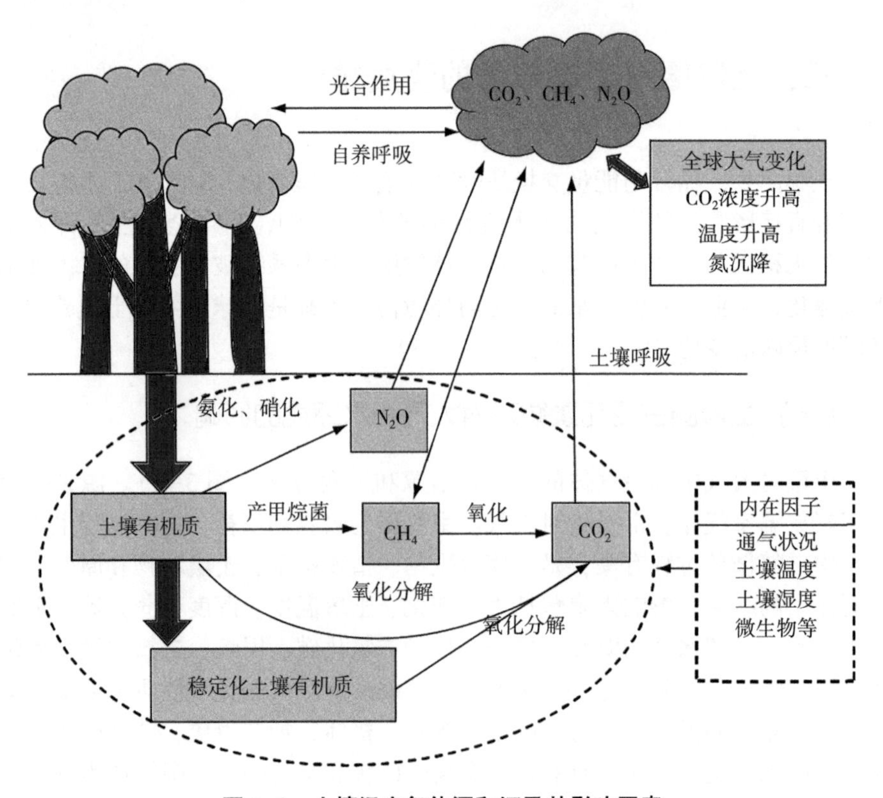

图 3-3　土壤温室气体源和汇及其影响因素

土壤不仅是大气圈温室和粉尘的源和汇之一，也是水体中溶质的源和汇之一。土壤中的重金属离子，土壤氮素转化过程中形成的硝酸盐，进入土壤的人工化学物质，如各种农药和除草剂迁移到水体，可直接影响水质量。当土壤受到重金属污染后，含重金属浓度较高的污染表土容易在风力和水力的作用下，分别进入到大气和水体中，导致大气污染、地表水污染、地下水污染等其他次生环境问题。土壤中含氮、磷、钾等营养元素的无机盐部分溶解水中，加之土壤中的有机物质经微生物的分解转化为无机营养盐，从而增大水体的肥力，如图 3-4 所示从生态环境的物质循环角度以土壤氮循环为例进行示意。此外，有研究对苏州附近水系中硝酸盐含量十年变化作了对比，结果表明阳河水、澄湖水中硝酸盐含量分别增加 2~10 倍和 3~5 倍。

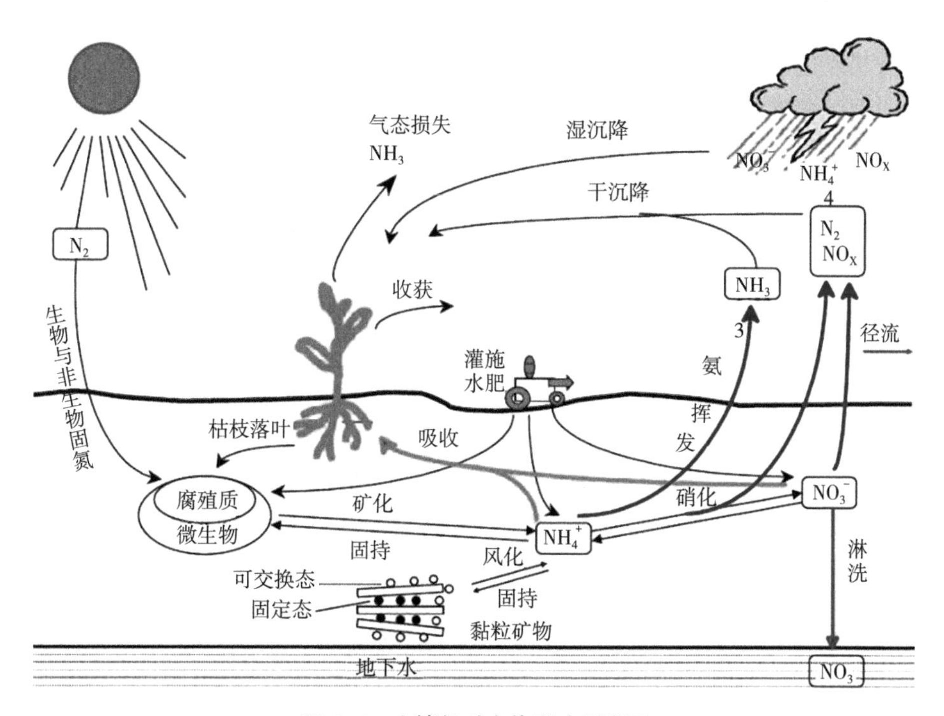

图 3-4　土壤氮对水体影响示意图

（二）土壤圈对气候变化的影响及其反馈效应

土壤是个巨大的物质储存库和转化器，土壤中的碳一般以有机物形式存在，不仅能为植物提供营养，而且可以改善地力和地下水的移动。地球上每

年约有 55×10^{10} t 植物有机体在土壤中形成和分解，其中 90%成为气体转入大气，10%则转化为中间产物保存在土壤圈中。一旦土壤有机物遭到破坏，土壤中的有机碳便会转化为二氧化碳，并排放到大气中。碳是生物进行光合作用的基本元素，植物通过光合作用将二氧化碳转变成有机碳，随后以自然凋落和根系分泌等形式输入土壤，经分解，最终以二氧化碳、甲烷等气体返回大气。自 19 世纪以来，由于农地开垦和城市建设，原先固定在土壤和植物中的碳大约有 60%被排放到大气中。农业生态系统自然凋落形式输入土壤的有机物质随作物种类不同而异，平均占净生物量的 18%左右。根系沉淀作用输入土壤的有机碳也相当可观，小麦等作物可占净固碳量的 5%~24%，根系沉淀作用输入土壤的有机碳极易被微生物分解，绝大部分以二氧化碳形式释放。土壤在 1m 深范围内碳的贮量平均值为 24.6kg/m^3，全球土壤有机碳的贮量为 25×10^{11} t，它含有的有机碳量占整个生物圈总碳量的3/4，是当前整个大气含碳量的 3 倍。在极地环境中的泥炭地储存着约 1/3 的全球土壤碳储量。在这些泥炭地下面，有一层永久冻结的土，即永久冻土，这些碳能够在这些土壤中长期累积。据研究预测，由于全球气候变暖，北半球的冰原地带温度上升，大量的永冻土可能融化，土壤有机质的分解速率加快，将以温室气体形式向大气圈释放数千亿吨碳。根据科学报告指出，2019 年二氧化碳、甲烷、一氧化二氮等三种最有效的温室气体的浓度分别为 1750 年的 147%、259%和 123%。土壤呼吸使大量有机碳以二氧化碳形式释放到大气，如农田生态系统每年可达 640g/m^2，草原生态系统为 400~640g/m^2。据估计，全球每年由土壤释放到大气中的碳量为（0.8~4.6）$\times10^{15}$ g。有人通过模型计算预测，如果全球温度每年增加 0.03℃，未来 30 年由于土壤中贮存的原来处于平衡态的有机质加速分解，所产生的二氧化碳将达到 310×10^{14} g，若下一个 60 年化学燃料的使用量仍维持目前水平，这一数量相当于化学燃料燃烧后二氧化碳释放量的 19%。近年来全球碳排放量见图 3-5，2019—2021 年因新型冠状病毒疫情碳排放量有所下降，2022 年又呈爆发式增长。

全球变暖会改变土壤的含水量、含盐量、含氧量和温度，进而影响土壤的电阻率，导致上层土壤腐蚀。土壤含水率未饱和时，土壤电阻率随含水量的增加而减小。当达到饱和时，由于土壤孔隙中的空气被水所填满，含水量增加，电阻率也增大。全球变暖引起土壤二氧化碳释放量增加的这种反馈效应已在阿拉斯加的冰原地区直接观测到。如果北方泰加林区温度上升，则将加速影响土壤发育过程，凋落物和土壤腐殖质分解及矿物分化可能加强，使

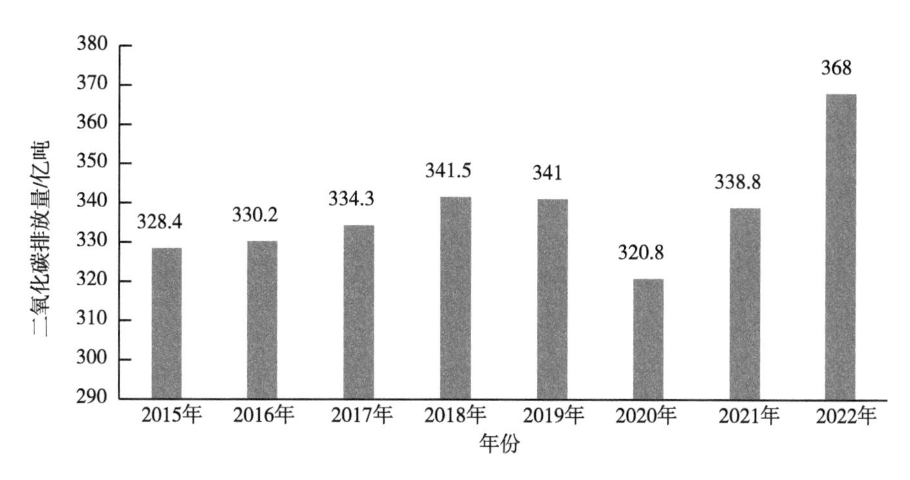

图 3-5　2015—2022 年全球二氧化碳排放量

其它树种发育，而不利于泰加林的保存，土壤将出现另一些植被下的形态特征。北半球的湿润和半干旱区可能变得更干旱，夏季更炎热，这将导致土壤干旱和盐碱化。土壤盐分是电解液的主要成分，土壤中的盐分参与土壤电化学反应，从而影响土壤的腐蚀性，所以在海边潮汐区或接近盐场的土壤，腐蚀更为严重。气候变暖也伴随着海平面上升，将使许多滨海地区淹没，目前的许多湿地将损失，这些湿地既是碳和其他生物循环物质的汇，也是许多水生和陆生动物的栖息地。同时这些土壤的淹没也将使人类失去更多的土壤资源。此外，海平面上升还将使海岸带可能因海水入侵而加剧沿海土地侵蚀和盐渍化。

（三）土壤圈与植物根系间的交互作用

根系作为联系植物地上与地下过程的桥梁，是植物间发生水分和养分竞争的主要场所，其不仅是提供植物养分和水分的“源”，也是消耗碳的“汇”，对于调节植物生长发育具有关键作用。土壤和植物根系间的相互作用是土壤圈物质循环的重要方面。在植物的生长发育过程中，根系分泌物不仅能够影响土壤中养分的有效性、重金属的吸收与转运，而且还可以改变根际土壤的理化特性。根系分泌物对土壤微团聚体的稳定性及团聚体大小分布等物理性质有显著影响。植物根系分泌的黏多糖对土壤颗粒有很强的黏着力，高分子黏胶物质与土壤颗粒相互作用，促进微团聚体的形成。

由于土壤和植物根系的交互作用，形成根—土界面特定的微生态环境，它直接决定着植物从土壤中吸收物质的形态、数量、迁移和转化等多种过程。培育耐不良环境的抗逆性品种，合理地施肥、耕作、病虫害防治等都与土壤和植物根系交互作用的根际环境有关。不同的土壤水、热状况会制约“土壤—根系—微生物及酶”之间交互作用，影响土壤养分活化、吸收及根系和作物自身生长。在缺素环境中，植物根系会产生一系列适应策略：①根系构型的变化，如根长、根表面积的增加，侧根的分散生长，特殊根（如排根）的形成。②根际养分活化，如根际分泌物质子、有机物和各类适应酶引起的根际微环境改变。③菌根的形成。

植物根系分泌物在与土壤进行物质和能量交换的过程中，会有无机离子通过主动或被动方式在根际土壤与根系内部相互传递，并通过改变根际土壤的 pH 值和氧化还原点位间接影响植物对根际矿质营养元素的吸收和利用。根系分泌物的释放强度与根系活力、根际微生态环境等因素密切相关。如白羽扇豆在缺磷环境下，根系大量分泌柠檬酸和苹果酸，对土壤中的难溶磷起到活化作用；土壤缺钾环境下，籽粒苋根系分泌的草酸能够通过改变土壤矿物质原有结构提高可利用钾的含量。

在植物根际土壤中，根际分泌物通过酸化、螯合、离子交换或还原等途径将难溶性物质转化为可被植物吸收利用的有效养分，从而提高根际土壤养分的有效性，进而促进了植物的生长发育。如柠檬酸、草酸、酒石酸、苹果酸均能明显促进土壤磷酸盐中磷的释放；缺锌条件下青菜“五月慢”根系分泌物中草酸和丙氨酸含量显著增加。能影响植物矿质营养的吸收。

根际分泌物能通过提高根际土壤 pH 值、改变根际土壤氧化还原状态、吸附或螯合重金属等多种途径缓解植物重金属毒害，也能吸附或包埋重金属污染物，使其沉淀于根围土壤，从而降低其对植物的伤害。根系分泌物还能抑制其他植物的生长，稗草分泌的 β-羟基苦杏仁酸对其他植物根和茎的生长均具有强烈的抑制作用，但对自身无明显的影响；小麦根系分泌物的二氯甲烷提取物对玉米、鹰嘴豆和蚕豆幼苗的生长均具有明显的抑制作用。

植物赖以生存的土壤中聚居着大量微生物，其中既有植物有益微生物，也有植物病原微生物。根系分泌物中丰富的糖类、氨基酸及维生素等成分为植物根际微生物的生长和繁殖提供了充足的营养，同时也影响着土壤微生物的种类、数量及其在植物根际的分布。不同土壤微生物在根际的定殖受根系分泌物的影响表现明显的根际效应，而且根系分泌物还对根际微生物的生长和发育产生影响。如抗枯萎病黄瓜品种的根系分泌物对枯萎病菌孢子萌发、菌丝生长及病原菌生物量有明显的抑制作用，而感病品种恰恰相反；草莓根系分泌物和腐解物中不同氨基酸对尖孢镰刀菌和立枯丝核菌表现抑制或促进作用；大豆连作土壤中糖类物质对半裸镰刀菌、粉红粘帚菌、尖孢镰刀菌的生长多表现低促高抑，而氨基酸和有机酸组分对三种病菌的生长多表现显著的促进作用。

（四）土壤圈作为地球圈层环境信息“记忆块”的作用

土壤形成过程中的主要环境特征及其变化通过土壤的性质反映和记录于土壤圈。每个土体都是过去和现在大气、水、生物和岩石圈相互作用的“记忆块”。各种土壤性质具有不同的记录过去和现在环境的能力。在土壤形成中，土体内进行着一系列物质转化和迁移积聚过程，如原生矿物的分解和次生矿物的形成；植物残体的分解和腐殖物质的形成；金属离子的吸附和解吸；无机盐类的溶解与沉淀；有机和无机物的氧化还原反应以及盐分、黏粒、有机质、各种化学元素的迁移和积聚等。这些过程都不同程度地打上了所处环境条件的印记。其中土壤剖面的固相性质是较重要的环境条件记录。对土壤记忆信息的破译将有助于区分过去和现在的土壤变化，并预测未来的变化。古土壤是过去自然景观条件下形成的土壤，它对过去的环境条件有很好的记录。

在五大成土因素中，气候因素往往给土壤留下最明显的特征，这种特征由其所在景观中的位置和母质而定。土壤对气候或气候变化的反应一般是与植被同时发生的，但其反应往往较植被缓慢，是综合、长期的环境条件的反应。在我国，从东海之滨到青藏高原，从南部丘陵山区到西北黄土高原以及漠境地区，均有形形色色的古土壤。在青藏高原喜马拉雅山中段北坡保存完整的冰碛物环境中，埋藏了代表不同时间尺度记录了古环境条件的褐红壤型，褐土型和棕毡土型三种埋藏土壤；在西北的马兰黄土的不同层次中埋藏了黑垆土；我国皖、苏、鲁的残余砂姜黑土被认为是一种从晚更新世晚期以来经历着三次沉积—成土作用回旋的复合古土壤，该沉积—成土作用系列反映出气候由温凉偏干，植被以针叶林为主的针阔叶混交林—草原环境转变为木本植物减少但阔叶林成分增多和湖沼草甸植物生长茂盛的暖湿环境，继而又转变为现今气候下木本植物稀少、耕作植被占优势的环境。

第四章　大食物链视角下土壤的生态效应

一、土壤动物的生态效应

土壤生物（图 4-1）包括土壤微生物和土壤动物。土壤动物在不同的生态系统中种类组成不同，优势类群和特异性类群也存在很大差异。目前研究较多的有蚯蚓、跳虫、线虫、原生动物、螨类、白蚁等。土壤动物的生态效应主要包括土壤结构改造、土壤有机碳积累和植物健康维持，这些功能彼此联系紧密，几乎与至今所揭示的土壤动物的所有功能和服务有直接或间接的联系。

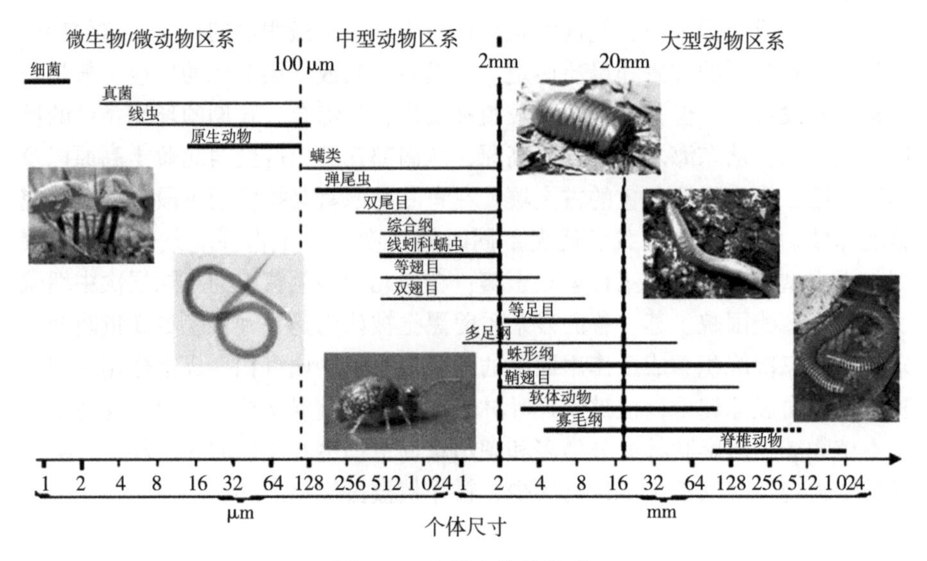

图 4-1　土壤生物的组成

（一）土壤动物对土壤构造的影响

当前，土壤动物对土壤结构的影响途径主要包括以下四方面：①移动和掘穴直接创造土壤孔隙，并且不同个体大小的土壤动物有利于形成大小协调的土壤孔隙网络；同时，土壤动物对土壤的直接挤压和排泄物也会造成局部的土壤压实。②蚯蚓和多数节肢动物的排泄物在外形和组成上都是一种生物团聚体，富含有机质和养分。③土壤动物的分泌物在团聚结构形成中具有重要作用，其中的黏多糖和疏水性物质有助于提高团聚体的稳定性。④土壤动物对植物根系生长及微生物的调节，将直接或间接地影响土壤结构的形成。土壤动物在形成团聚体结构的同时可能会对原来的土壤结构产生一定的破坏作用，团聚体始终处于动态变化之中。

以研究最多的大型土壤动物蚯蚓为例，蚯蚓的掘穴、取食和排泄活动能够改善土壤结构、通气保水和调节 pH 值、促进有机物分解和养分矿化、调控温室气体排放和提高植物养分吸收。但也有可能的是，蚯蚓的研磨消化过程能够促进团聚体的解聚，或者其掘穴导致的大量孔隙会促进水分和养分流失。这种现象既与特定的蚯蚓种类或生态型有关，又与短期内蚯蚓密度剧增或外来种入侵有关。与大型土壤动物不同的是，以跳虫、螨类和线蚓为代表的中型土壤动物和以土壤原生动物和线虫为代表的小型土壤动物改造土壤物理结构的能力相对较弱，但它们可以通过对土壤微生物群落的强烈影响而改变土壤功能。以跳虫为例，跳虫在促进土壤微团聚体形成、提高土壤通气性或持水能力、加快有机物分解和养分释放、改变温室气体排放、调节植物开花传粉等方面均有非常重要的作用。

（二）土壤动物对土壤有机碳的影响

土壤动物对有机物分解和养分矿化的影响机制主要有三方面：①土壤动物对有机残体的物理破碎作用。有机物破碎后表面积大大增加，有助于微生物的侵染、有机质的深度降解和矿化。②土壤动物分泌的酶类等活性物质对生物化学过程的促进作用，各种降解酶和其他生物活性物质，均可直接影响有机物的分解和养分矿化过程。③土壤动物对土壤生物、物理结构的调节作用。动物改变土壤孔隙和团聚体的数量与分布，为其他生物创造了适宜的生存环境，从而间接影响有机物的分解和养分释放。

以蚯蚓为例，蚯蚓可同时进行分解有机物的“碳矿化”过程和固持有机碳的“碳稳定”过程，但后者的促进作用更大，故其长期效应表现为促进土壤有机碳净固存。蚯蚓作用下土壤有机碳的变化是不同时空尺度上的综合反应，如短时间内蚯蚓对分解的促进是有机碳增加的基础，对植物光合过程和初级生产力的刺激作用可能明显提升土壤有机碳固存潜力。而中型土壤动物可能主要通过增加游离颗粒有机物向土壤的输入、取食微生物进而刺激可溶性有机物释放、改变微生物群落结构、刺激微生物活性、促进矿物结合有机碳和团聚体颗粒有机物组分之间的转化等间接过程而影响土壤有机碳转化。

（三）土壤动物对植物健康的影响

在适宜的条件下，大多数土壤动物通过与植物互作一起产生综合作用可直接或间接促进植物的生长。

蚯蚓促进植物生长的机制包括四方面：①改善土壤团聚结构及水气条件。②促进分解和矿化，提高养分有效性。③增加腐殖酸、生长素等激素类物质。④促进植物有益微生物以及抑制病虫害。

线虫影响植物生长的机制包括四方面：①食微线虫的元素化学计量关系与微生物不同，以致食微线虫捕食微生物时，可以排出超出微生物结构和代谢所需要的养分，从而供给植物生长。②适度数量的食细菌线虫可以促进植物根际促生菌释放生长激素吲哚乙酸。③植食性线虫因为直接以根或根毛为食，通常对植物生长不利。④捕食/杂食性线虫一方面可以通过对低营养级的动物类群捕食来影响微生物群落及相关的氮矿化过程而最终影响植物生长，另一方面它们也可以通过对植食性线虫的捕食来抑制虫害，从而间接促进植物生长。

（四）土壤动物对生态系统多功能性的影响

生态系统多功能性就是生态系统能够同时维持多种生态系统功能和服务的能力，或是生态系统多个功能的同时表现。蚯蚓活动与生态系统许多过程有关联，其本身亦是多种生态系统功能的重要知识类群。在植物生产力方面，蚯蚓在促进植物生长的同时有可能会降低表观上的植物对病虫害的抗性。在促进土壤有机碳积累的同时也可能会刺激温室气体的排放。在改良土壤结构方面，蚯蚓既能疏松土壤、促进孔隙和团聚结构，但同时也可能压实土壤增加地表径流及水土流失。蚯蚓改造生存环境的巨大作用可能同时提高和降低土壤生物多样性。食微线虫和原生动物等小型土壤动物的生态功能在作物根际和掉落物分解部位等活性位点发挥更大作用。原生动物可通过选择性捕食优势类群保持细菌群落的多样性，增加细菌的均匀度和互补性，促进其活性和氮素矿化作用，成为根际微生物和植物生长的调控者。跳虫影响有机物分解和植物生长的机制与其对真菌尤其是菌根真菌的影响有关。螨类通过破碎植物残体和影响腐生真菌群落等对有机物的分解和养分循环的促进作用较强。跳虫和螨类的行为对植物病原体的抑制和传播、种子发芽、根系分泌物以及植物养分分配和生长产生影响。值得一提的是，蜘蛛作为土壤食物网中较为重要的捕食者，通过捕食和调控其他土壤动物及植食性昆虫，会对植物群落结构、凋落物和有机质分解、土壤养分循环等方面产生显著的影响或联级效应。

二、土壤微生物的生态效应

土壤微生物是土壤中最活跃的部分，以各种方式参与土壤形成与发育、土壤物质转换和能力流动的过程。土壤微生物种类多、数量大、个体小、代谢活性强，包括原核生物、真核生物、原生动物和地衣等。除了绿色植物，土壤中的光合细菌、藻类也能通过光合作用，将大气中的二氧化碳合成碳水化合物，为植物和其他微生物利用，土壤中某些微生物能够分解土壤中有机物质和动植物残体，将有机物转换成简单的无机物，然后被植物吸收利用，最后参与物质循环。

（一）土壤微生物对土壤肥力的影响

土壤中的微生物对土壤氮素的循环有着非常重要的作用，土壤固氮菌能够将大气中的氮气进行生物固氮，形成铵态氮，一部分铵态氮被植物吸收利用，形成生物体有机氮，一部分被土壤中硝化细菌经硝化作用形成硝酸盐，供植物吸收利用。而当土壤氧气不足时，硝酸盐被某些微生物还原成亚硝酸盐，最后被还原成分子氮返回大气。同时，生物体有机氮经土壤微生物的分解而产生氨，实现氮素的循环。

磷元素与植物的抗寒抗旱能力密切相关。虽然土壤总磷含量较高，但磷素易与钙离子、三价和二价铁离子、铝离子等形成难溶性无机磷，以及与肌醇磷酸类和植酸等形成难溶性有机磷，需要转化为无机磷后才能被植物吸收利用。土壤微生物可通过解吸土壤吸附态磷、有机磷矿化和微生物固磷等多种途径提高土壤磷有效性，目前的解磷细菌一般有假单胞菌属、芽孢杆菌属、根瘤菌属等。

土壤中钾元素也是如此，绝大部分钾素存在于难溶性岩石、矿石中或吸附于土壤颗粒表面，如钾长石、云母等硅酸盐均含有大量钾素，需要解钾细菌将其转化成植物或农作物根系可直接吸收利用的状态。解钾细菌主要以芽孢杆菌属为主，如胶质芽孢杆菌、环状芽孢杆菌、巨大芽孢杆菌等。

土壤有机碳以多种形式存在于土壤中，主要来源于动植物和微生物残体，既是土壤养分的重要来源，也是重要的土壤理化性质改良剂。不同土壤微生物群落对土壤稳定性有机碳的贡献不同，如细菌和真菌能够分解、利用及合成结构不同的有机碳，其分泌的胞外酶在稳定性有机碳向活性有机碳的转化中有重要作用。

（二）土壤微生物对植物根系的影响

一般来说，根系周围0~2mm范围的土壤是受植物根系分泌活动影响最强烈的土壤薄层，微生物所需营养物质也最丰富，此范围内生存的土壤微生物数量和代谢活性较强，被称为“根际微生物”。根际微生物数量多、生长繁殖快、与根系的相互作用强烈、代谢活性强，对土壤有机物质的分解、氮素的循环、矿质元素的转换以及植物营养、生长和发育、植物病害等方面都有重要的影响。

根际有益微生物是指根际土壤中存在的对植物或农作物生长、产量有促进作用，以及能够直接或间接地抑制有害微生物繁殖，降低因微生物病害给植物或农作物带来危害的那部分微生物。按照根际有益微生物的主要作用，可将其分为根际促生菌和生防菌。根际促生菌通过对土壤氮素固定、矿质元素转换和促进植物根系对水分的吸收等方式直接地促进植物生长，也可以通过产生抗生素、诱导激活植物自身抗御机能、合成抗菌物质、产生铁载体等方式抑制病原微生物的生长繁殖，从而间接地促进植物生长。目前已发现的根际促生菌主要包括：固氮菌属、假单胞菌属、芽孢杆菌属和伯克氏菌属等。根际生防菌通过产生某些抗菌物质或者诱导植物或农作物根系产生抗菌物质、对碳源和氮源的竞争，以及产生嗜铁素竞争铁离子，从而在根际生态系统中占据有利的生态位，达到抑制病原微生物生长繁殖和根际定殖。另外，生防微生物也可以通过增强植物根系对营养物质的吸收、产生或降解植物生长因子来间接地促进植物生长发育。目前对生防菌研究较多的主要有木霉菌属、芽孢杆菌属和假单胞菌属等。

（三）土壤微生物对植物健康的影响

土壤微生物可促进植物生长发育。如固氮细菌可在真菌菌丝表面形成真菌/细菌微生物膜定殖于植物根部并达到一种协同作用，微生物膜高效发挥固氮作用并在分解后将氮素转移至根部，从而满足植物的氮需求，同时促进植物生成吲哚乙酸等必需促生物质，而植物也可通过根系分泌物为微生物提供碳源，维持其生命过程。

土壤微生物可增强植物抗逆性。干旱条件下，黏附生存于植物根系的土壤微生物分泌胞外聚合物的相关基因被上调，以避免内部细胞脱水死亡；同时，胞外聚合物可与水分之间形成氢键，具有良好的保水性能，其水分固持比例可达 1：70，能有效缓解植物缺水状况。盐胁迫条件下，定殖后的微生物膜能分泌更多的胞外聚合物，不仅可以保持种子周围的水分，还可以通过其粘性促进土壤颗粒的胶结和团聚体的形成。

土壤微生物有利于植物防止病原体侵害。有益菌微生物膜与土壤病原体之间存在生长所需物质的竞争关系，如针对病原体所需重要元素铁，土壤微生物膜能高效分泌对游离铁具有高度亲和力的铁载体，更容易与铁进行螯合。当病原体入侵时，土壤微生物膜可在群体感应的作用下快速分泌多种具有抑制植物病原体生长的活性分子，如芽孢杆菌属可分泌伊枯草菌素、丰原素等多种具有抗菌活性的环脂肽和多种水解酶，从而发挥拮抗和消灭病原体的作用。

三、土壤微塑料的生态效应

塑料作为一种用途广泛、价格低廉、品种繁多的材料，给日常生活带来了巨大的变革。随之带来的塑料污染物的种类繁多，其产生的微塑料也并非单一的有机化合物，而是包含很多不同化学成分的塑料聚合物，如聚乙烯、聚苯乙烯、聚丙烯、聚氯乙烯、聚氨酯和聚对苯二甲酸乙二醇酯等有机化合物，这其中很大一部分富集到土壤中，成为了土壤环境的一部分。在自然环境下，土壤中累积的塑料能通过光降解和热氧化降解等降解作用被破碎分解，但是这些破碎分解过程不能完全分解塑料碎片，而塑料作为新型污染物，土壤的自净能力对其分解能力极其有限，无法更进一步对塑料进行降解，最终这些塑料垃圾会成为直径小于5mm的塑料颗粒，称为微塑料。

土壤中的微塑料会通过横向和纵向迁移扩大存在范围，横向迁移主要指微塑料通过风、地表水等方式在土壤表层进行扩散，而纵向迁移是指微塑料通过土壤中的生物、水或者各种富集方式向更深层的土壤中进行扩散的过程。土壤微生物的生态效应主要来自三个方面：塑料的主要成分、塑料合成过程中的添加剂、在环境中吸收的污染物。由于颗粒大小不一且密度与土壤颗粒不同，微塑料会直接改变土壤的物理性质。小颗粒的微塑料可以轻易地被土壤中的生物群体吸收，甚至有可能在食物链中累积。微塑料较大的表面积也提供了吸附土壤中污染物的媒介，从而使污染物在这些颗粒上富集。

（一）土壤微塑料对土壤理化性质的影响

微塑料的存在可能导致土壤理化参数的变化，如土壤结构、容重、持水能力、pH值和养分含量等。微塑料会直接影响土壤的密度、无机盐含量和保水的能力等，100nm至5mm尺寸的微塑料颗粒甚至可以直接破坏土壤结构。微塑料一般比土壤颗粒的密度低，会降低土壤本身的容重。约七成微塑料颗粒会参与土壤团聚体的形成，增加土壤的通气性和孔隙度，从而加速土壤水分的蒸发，导致土壤表面干裂甚至破坏土壤结构的完整性。植物根系周围微生物群落的丰度通常会受到富集着的较多微塑料颗粒改变，进而影响植物根系周围的土壤肥力。微塑料通过改变土壤的理化参数间接影响植物体的根系发育、生长情况和养分吸收等过程。

（二）土壤微塑料的吸附性对土壤健康的影响

微塑料具有较大的表面积和疏水性，它能够将重金属和疏水性有机污染物等有毒化学品集中在其表面，成为这些污染物的载体，从而对土壤中的动植物造成更进一步的危害。由于微塑料种类较多，且每种材料的化学和物理特性不同，不同塑料材质的表面积和分子极性也会影响微塑料对重金属的吸附能力。自然情况下在土壤中放置时间越久的微塑料会吸附越多的重金属，如老化的聚氯乙烯颗粒中积累了更多的铜和锌。暴露在阳光中越久，阳光中的紫外线照射越会增加土壤表面微塑料对重金属的吸附作用，因此微塑料在土壤中存在的时间越长，其构成的生态危害就越大。除酸剂、润滑剂、光稳定剂、热稳定剂、着色剂、抗静电剂、抗氧化剂、增塑剂等这类塑料制造过程中可能用到的添加剂以及这些添加剂在土壤中吸附的有机污染物也会对土壤环境和生物造成很大的影响。土壤中的多环芳烃、多氯联苯、有机农药等这些疏水性有机化合物被吸附到微塑料表面后通常会导致严重的复合污染。土壤中的微塑料还能吸附四环素类抗生素，与之形成复合物，并能在微塑料周围土壤微生物群落中产生抗药性。

（三）土壤微塑料对土壤微生物的影响

微塑料能通过改变土壤的理化性质、土壤粒度和土壤环境直接影响土壤微生物群落的功能和结构多样性，也能通过吸收太阳辐射来提高土壤的温度间接影响微生物群落。微塑料因其与土壤颗粒不同的凹凸不平的表面和表面附着物会在其周围形成完全不同的微生物群落，有些细菌或其他原核生物会通过可逆附着率先黏附在微塑料的表面，并形成诸如菌毛、黏附蛋白和胞外多聚物等机制促进不可逆的附着，然后随着各种微生物的附着和增殖生长，生物之间产生更多样化的协同和竞争关系。已有研究发现土壤微塑料颗粒表面存在绿弯菌门、酸杆菌门、拟杆菌门、芽单胞菌门、节杆菌属、链霉菌属、诺卡氏菌属、气微菌属、两面神菌属和分枝杆菌属的一些细菌。

（四）土壤微塑料对植物体的直接影响

在农用地土壤中生长的植物，通常会使用覆盖地膜、施用有机肥，这些措施也增加了农业作物接触微塑料的机会。由于其颗粒本身具有较强的黏附性，较小颗粒的微塑料极易被植物根系分泌的多糖黏液黏附从而被植物根系吸收，此外小颗粒的微塑料在受到挤压力的作用下能够进入狭小的根部质外体空间，会进一步渗透进入根系皮层组织甚至到达植物的导管组织中。进入植物根部后，这些塑料颗粒能从植物根部运输到植物的地上部分，蒸腾作用可能是塑料颗粒在植物体内运动的主要驱动力，并且蒸腾作用的加快会加速这一过程。这些较小颗粒的微塑料进入或者接触植物体后，会影响植物体的健康。不同材质的微塑料会在土壤和植物中引起不同的反应。如不同粒度的聚苯乙烯均会造成生菜根和叶的氧化应激，并且损害根和叶的生长发育；一些细长的微塑料纤维会缠绕幼苗的根系，阻碍幼苗的生长；一些微塑料颗粒会堵塞种子的气孔，降低种子的发芽率。微塑料还能在植物体内富集，甚至是通过食草动物和昆虫在食物链流动，而且颗粒越小的微塑料越容易进入植物根系并且在叶片中积累。

（五）土壤微塑料对陆地食物链的影响

微塑料可能会通过饮食、饮水和呼吸等方式进入动物体和人体，还可能会通过扬尘的方式扩散到空气中而被食物链中不同层次的动物通过呼吸吸入到体内。一旦微塑料进入生物体内后，可能会进入生物体内的循环系统，从而在动物体内各处积累。在人体上微塑料的研究表明，调查的 6 名女性中有 4 名女性的胎盘中检测出微塑料，且在母体侧、胎儿侧和绒毛膜 3 个部分均检测出了 5～10μm 大小不等的微塑料，这些微塑料很可能是通过食物链或者呼吸的方式进入母体循环系统从而到达胎盘。

四、土壤重金属的生态效应

（一）土壤重金属对土壤理化性质的影响

重金属对土壤理化性质的生态效应研究主要是涉及土壤中重金属对土壤酶活性、呼吸作用、氨化及硝化作用等生理生化指标的影响。土壤重金属的积累可影响土壤微生物的活性和有机碳、氮的分解。研究表明，多种重金属能抑制土壤有机质的降解，如重金属铬能抑制土壤纤维素的分解，当铬浓度为 5mg/kg 时，可使纤维素分解速率降低 36%；当浓度大于 40mg/kg 时，纤维分解几乎全部受到抑制。重金属的累积也能显著抑制土壤中氨化和硝化作用的进行。体内含有较高重金属量的重金属超积累植物，其残体及枯落物在土壤中的矿化速率较低。

（二）土壤重金属对植物生长的影响

土壤中的重金属极易被植物的根系吸收而向籽实迁移，并在植物体内累积，然后通过食物链进入人体，从而对人类的生命健康构成威胁。大多数植物不同器官对重金属吸收的含量水平差异较大，通常是根>茎叶>籽实。影响植物对重金属吸收的因素很多，主要包括土壤重金属总量、赋予形态、植物物种以及土壤类型、土地利用方式等。此外，温度、湿度及光照等环境因素也会对植物吸收重金属造成一定的影响。

土壤中单一重金属含量过高会直接影响作物的产量和品质。当土壤镉含量达到 4~13mg/kg 时，对镉敏感的作物，如菠菜、大豆和莴苣的产量会降低 25%，而番茄、西葫芦和甘蓝只有在土壤含镉量达 160~170mg/kg 时产量才降低 25%。而当两种或多种重金属元素共存于土壤环境中，它们作用于生物体时往往会发生与单一重金属作用完全不同的联合毒性作用，并不是简单的加和效应。多种重金属元素之间的协同和拮抗作用对污染物的化学行为影响十分明显。如铅、镉和锌的复合污染可以促进油菜的根和叶对三种重金属的吸收，消除锌对镉、铅对锌的拮抗影响；砷的加入不会对镉超积累植物龙葵的株高和干重产生影响，但会导致其茎中镉含量增加 28%；锌、镉污染共存下，黑麦草对锌、镉的吸收为协同效应。

（三）土壤重金属对微生物的影响

土壤微生物也是土壤中能量和物质循环的重要组成部分。土壤中微生物种类繁多，数量庞大，不仅参与土壤中污染物的循环过程，还可作为环境载体吸附重金属等污染物。进入土壤中的重金属可能影响土壤微生物生化活性、微生物数量、种群及群落数量等，降低有机质的分解和转化速率。

土壤微生物生物量是指土壤中微生物体积小于 $5\times10^3\ \mu m^3$ 的生物总量，它能表示物种对资源的利用情况。土壤微生物生物量的测定既可作为研究生态系统中元素循环过程的重要手段，又可用于指示土壤环境的健康状况。土壤被重金属污染后，土壤微生物生物量会表现出不同程度的差异。有研究表明，在一定范围内有机碳、全氮、微生物生物量碳和氮分别与土壤中镉、铅、铜和锌的含量呈显著正相关关系；而当土壤中锌浓度在 823~1 570mg/kg 时，土壤微生物生物量碳量从 800mg/kg 降到 200mg/kg。

土壤微生物活性是指土壤中所有微生物的总体代谢活性，土壤微生物的代谢功能决定土壤中有机质的周转与矿化、养分转化以及有机废物的循环等，它能敏感地反映土壤的健康状况。当土壤受重金属污染时，微生物为了维持生存可能需要更多的能量，其代谢活性可能发生不同程度的反应。微生物的代谢熵是微生物活性反应指标之一，它反映了单位生物量的微生物在单位时间里的呼吸作用强度。土壤微生物的代谢熵通常随着重金属污染程度的增加而上升。

微生物群落结构是指群落内各种微生物在时间和空间上的配置状况，优化的配置能增加群落的稳定性，表现为良性发展。但是由于重金属的介入，就会影响这种良性发展，对群落的结构产生影响。研究表明，高浓度的锌会影响土壤微生物群落结构和功能多样性。

五、土壤抗生素的生态效应

(一) 土壤抗生素对植物生长的影响

抗生素进入土壤后会影响植物的生长发育，主要体现在种子萌发、根长和株高方面，其影响程度除了与其自身的化学性质、使用剂量有关，还与土壤吸附及植物品种等有关。通常低浓度抗生素可以促进植物生长，但在高浓度时对植物生长表现出抑制作用。如表 4-1 所示，土霉素、四环素、磺胺嘧啶、诺氟沙星、红霉素和氯霉素对水芹、生菜、番茄、胡萝卜和黄瓜生长发育的影响均表现为“低促高抑”的特征。导致该特征出现的原因主要是低浓度抗生素可以使植物体内的抗氧化酶活性增加，从而清除活性氧自由基保护植物生长；而当抗生素超过一定浓度时，在胁迫机制作用下，植物体内会产生过量的活性氧自由基，引起细胞膜膜质的过氧化和膜结构的破坏，降低了植物体内抗氧化酶的活性，致使清除自由基的能力下降，最终给植物生长带来负面的影响。抗生素对植物的毒性效应与土壤有机质、氮、磷、钾的含量和阳离子交换量有关，而且两种抗生素的复合污染较单一抗生素对蔬菜种子萌发、根长和芽长的影响更大。抗生素能被植物吸收而进入食物链从而影响人体健康。

表 4-1　抗生素对植物生长发育的影响效果

抗生素种类	抗生素浓度（mg/kg）	植物类型	植物部位	影响效果
红霉素	0.01 0.1~300	生菜、胡萝卜、番茄、黄瓜	芽	促进 抑制
金霉素	2.5~20	小白菜	芽	抑制
土霉素	0.1 0.5~10	水芹	株高	促进 抑制
四环素	0.01 0.1~300	胡萝卜、番茄、黄瓜	芽、根	促进 抑制
磺胺嘧啶	0.01 0.1~300	生菜、番茄、胡萝卜	芽	促进 抑制
诺氟沙星	0.01 0.1~300	生菜、胡萝卜、番茄	根	促进 抑制

（续表）

抗生素种类	抗生素浓度（mg/kg）	植物类型	植物部位	影响效果
磺胺甲噁唑	5~20	黄瓜、生菜	根、芽、株高	抑制
氯霉素	0.01 0.1~300	生菜、番茄、黄瓜	芽	促进 抑制

（二）土壤抗生素对土壤动物的影响

不同浓度的抗生素在土壤中的残留对土壤动物的生长繁殖会造成不同程度的影响，如表 4-2 所示。抗生素会引起土壤动物的氧化应激反应，导致脂质过氧化，进而促进其产物丙二醛的形成并诱导超氧化物歧化酶、过氧化物酶、过氧化氢酶的表达，最终抑制土壤动物的生长。

表 4-2　抗生素对土壤动物的影响效果

抗生素种类	抗生素浓度（mg/kg）	动物	影响效果
四环素	0.3~300	蚯蚓	致使基因毒性
金霉素	0.3~300	蚯蚓	致使基因毒性
强力霉素	30	蚯蚓	对幼虫造成毒害作用
土霉素	0~2 560	蚯蚓	48h 内均没有死亡
	10	跳虫	生长显著被抑制
恩诺沙星	0.1，1.0 10	蚯蚓	未表现出明显的毒性反应 活动强度和呼吸作用下降
诺氟沙星	10	跳虫	生长显著被抑制
	1 000	白符蛛	生长繁殖被抑制

（三）土壤抗生素对土壤微生物的影响

抗生素是一类具有杀菌作用的药物，能直接影响土壤环境中某些微生物的生长繁殖或改变其群落结构，进而打破土壤中的微生态平衡。如细菌和真菌的比值会因土壤中加入磺胺嘧啶而从 70%减少到 4 天后的 57%；金霉素和环丙沙星进入土壤会使土壤放线菌和菌丝体的相对丰度提高 0.5%~

236%，优势菌属（链霉菌、放线菌、分枝杆菌和链球菌）的相对丰度显著增加，而变形杆菌的丰度降低 0.2%~27.3%。抗生素也可引发特异性微生物群落的形成，如土壤中放线菌、扁平菌和疣微菌与磺胺对甲基氧嘧啶、磺胺甲恶唑和磺胺嘧啶的含量呈正相关；四环素增加了土壤中 β-变形杆菌的丰度，而梭状芽胞杆菌和 γ-变形杆菌的丰度却随着四环素浓度升高而降低。

在抗生素抑制其标靶微生物的同时，土壤中的其他微生物可以获得更多的碳源，呼吸强度也随之改变。如磺胺嘧啶和金霉素均会抑制土壤的呼吸作用。当土壤中的抗生素浓度达到一定水平后，可以对土壤微生物的活性产生显著影响。如土霉素对菜地和草地土壤中脲酶的活性影响表现为"低促高抑"，对果园和草地土壤的中性磷酸酶活性均未造成明显影响，但当其浓度达到 100mg/kg 时对菜地和桑园土壤的中性磷酸酶活性具有一定的促进作用；添加浓度为 100mg/kg 的环丙沙星可以激发土壤微生物呼吸作用，但同时也抑制了微生物的代谢能力；金霉素对土壤过氧化氢酶和中性磷酸酶活性的影响均呈现"抑制—恢复—刺激"的变化趋势；环丙沙星可以刺激土壤中性磷酸酶的活性，但对过氧化氢酶活性无显著影响。

（四）土壤抗生素对土壤中抗性细菌与抗性基因的影响

过量使用抗生素不仅导致土壤微生物群落结构和呼吸作用发生改变，还会使其产生选择性压力，改变抗生素抗性细菌的丰度和多样性。一方面，抗生素会在动物肠道内诱导抗性菌株的产生，这些抗性菌株所含的抗生素抗性基因又可以随着畜禽粪便或有机肥直接排入环境，并通过水平基因转移使土著微生物获得抗性。另一方面，畜禽粪便和有机肥中残留的抗生素会提供抗生素选择压力，为抗生素抗性的产生和水平基因转移提供驱动力，使土壤中的土著微生物甚至致病菌获得抗性，从而给人类健康带来潜在风险。如诺氟沙星和土霉素的过量使用均使土壤中跳虫肠道菌的抗性基因丰度和多样性明显增加；磺胺甲恶唑的添加导致土壤中氨基糖苷和万古霉素抗性基因的丰度显著增加。抗生素对土壤中抗性细菌的影响主要与抗生素的浓度有关，如抗性基因的丰度与抗生素浓度具有显著相关性，有机粪肥中恩诺沙星、强力霉素、泰乐菌素和磺胺嘧啶的浓度与抗性细菌的耐药率呈明显的剂量—效应关系。抗生素的种类差异对土壤中抗性细菌的耐药率也有不同的影响，如细菌对泰乐菌素的耐药率显著高于恩诺沙星，微杆菌个假单胞菌分别是泰乐菌素和恩诺沙星最主要的抗性菌，而克雷伯菌、沙门氏菌和肠杆菌同时对两者具有抗性。

兽用抗生素随着畜禽粪便进入到土壤环境中，对植物、土壤动物和微生物均有一定的毒理效应。当含有抗性基因的微生物死亡后，体内的遗传物质可与环境中的腐殖质、矿物质等结合，很难被核酸酶分解，最终导致其在环境中持续传播扩散。抗性基因可通过垂直和水平转移进行扩散，这不仅改变土壤生态系统的微生物群落组成和多样性，还会通过食物链或其他方式传播给人类，进而危害公众健康。

六、土壤农药的生态效应

（一）土壤农药对土壤理化性状的影响

农药能防治病、虫、草害，假如施用得当，可保证作物的增产，施用不当，会引起土壤污染。喷施于作物体上的农药，除部分被植物吸收或逸入大气外，有一半左右散落于农田，这一部分农药与直接施用于田间的农药，共同构成农田土壤中农药的基本来源。土壤受到农药污染，土壤的理化性状会发生变化。土壤中残留农药长期存在会使土壤出现明显酸化现象。土壤中氮、磷、钾等养分随农药浓度增加而减少。土壤溶液中和土壤微团上有机、无机复合体的铵离子量增加，并代换钙离子、镁离子等，使土壤胶体分散，土壤空隙度变小，从而造成土壤结构板结。

不同质地土壤受农药的影响也不同。砂土由于通气透水性好，农药会特别快速进入深层，农作物易从砂土中吸收农药，危害特别大。黏土由于透水性差，保水性好，农药不容易进入土内，但会停留在黏土中，也有较大危害。壤土由于通气透水性稍差于砂土，黏性也没有黏土大，因此农药对壤土的影响相对较小。

（二）土壤农药对植物的影响

残存于土壤中的农药对作物生长十分不利。过量滥用除草剂，或者用含除草剂量很高的废水灌溉农田，会对作物生长产生重创。当土壤中农药残留较大时，作物果食的农药水平也较高，土壤中残留的农药会通过植物的根系活动逐渐转移至植物中，使得植物中的农药残留量增大，影响农产品的质量。如三氯乙醛污染的土壤对小麦种子萌发有明显的抑制作用，当浓度为

2mg/L 时，发芽抑制率达 30%。农药进入植物体后，可能引起植物生理学变化，导致植物对寄主或捕食者的攻击更加敏感，如使用除草剂会增加玉米的病虫害。农药还会抑制或者促进农作物或其他植物的生长，提早或推迟成熟期。

（三）土壤农药对土壤酶活性的影响

土壤酶是一类参与土壤新陈代谢的重要物质，主要包括胞内酶以及存在于土壤溶液和土壤颗粒表面的胞外酶，如过氧化氢酶、中性磷酸酶、脲酶、脱氢酶、蔗糖酶等。土壤酶在不同程度上参与了土壤中大部分生命活动，并且对外界环境变化反应极其敏感，是评价土壤环境质量安全的一个重要指标。农药对土壤酶活性的影响与农药和土壤酶种类有关。如 297g/hm^2 和 445.5g/hm^2 二甲戊灵对土壤脲酶活性影响为先刺激后抑制作用，对蔗糖酶和过氧化氢酶影响均表现为抑制作用；112.5g/hm^2 和 168.8g/hm^2 二氯喹啉酸对土壤蔗糖酶活性影响为先刺激后抑制作用，对脲酶和过氧化氢酶活性影响均表现为抑制作用；低浓度和高浓度嘧菌酯均不同程度抑制了土壤碱性磷酸酶和脲酶活性。

农药对土壤酶活性的抑制作用受土壤理化性质的影响，如毒死蜱对土壤蔗糖酶活性的抑制作用与土壤有机质含量呈正相关，在中性和酸性土壤中抑制作用大于碱性土壤。农药对土壤酶活性的作用受农药残留浓度的影响，如低浓度烯酰吗啉处理土壤脱氢酶活性无明显变化，高浓度处理土壤脱氢酶活性明显低于对照土壤。

（四）土壤农药对土壤生物的影响

农药在土壤中的残留将对土壤中的微生物、原生动物以及其他的节肢动物（如步甲，虎甲，蚂蚁，蜘蛛）、环节动物（如蚯蚓）、软体动物（如蛞蝓）、线形动物（如线虫）等产生不同程度的危害。如乐果在施用 10 天之后，能显著降低土壤微生物的呼吸作用；高剂量杀虫单（100mg/kg 以上）明显抑制了土壤呼吸作用。土壤残留农药会直接影响土壤微生物量，进而改变土壤微生物群落结构组成和功能多样性，对土壤生态系统造成严重影响。如有研究发现农药严重污染的土壤微生物群落的 Shannon 指数和均度、Simpson 指数、Mclntosh 指数和均度均显著低于无污染的对照，微生物对单一碳底物的利用能力明显降低。有机磷农药污染的土壤中，动物种群的种类和数量明显减少，如3种杀虫剂——乐果、抗蚜威和丁苯吗啉对土壤原生动物自然种群具有消极影响，如土壤动物种类和数量随着农药影响程度的加深而减少，在农药污染严重的试验区动物的种类和数量都显著低于轻度污染区和对照区，有一些种类甚至完全消失；农药污染对土壤动物的新陈代谢以及卵的数量和孵化能力均有影响。

（五）土壤农药对土壤氮素循环的影响

土壤中氮素循环是自然界物质循环和大食物链中非常重要的过程，也是土壤肥力的重要因素。土壤中的氮素循环受土壤微生物群落结构、土壤介质特性和土壤温度、土壤透气性以及土壤污染物质等因素的影响。

除草剂和杀虫剂一般对氨化作用的影响很小，熏蒸剂和杀真菌剂则能引起土壤中氨态氮增加。如4-羟基-3,5-碘苯甲腈、茅草枯、MCPP、毒莠定和杀草强在高于田间浓度10倍和100倍时均不影响氨化作用；施用杀真菌剂克菌丹、福美双和Verdasan之后，土壤铵离子浓度显著提高；单独用土壤熏蒸剂三氯硝基甲烷或与甲基溴一起处理田间土壤后，1g土壤能释放20~30μg铵态氮，并保持75天不变；施用10mg/kg和100mg/kg的有机磷杀虫剂能提高土壤中铵离子浓度。

在特定条件下，一些杀真菌剂和多数熏蒸剂会强烈抑制土壤硝化作用。如杀虫剂对硝化作用的抑制多在pH值<7的土壤中，Simazine和4-羟基-3,5-碘苯甲腈在碱性土壤中阻碍硝化作用，而在酸性土壤中促进这一过程，甲胺磷也能减弱土壤硝化作用。较高剂量的农药对土壤反硝化作用会产生抑制性，如除草剂茅草枯和杀虫剂西维因。

用于豆科植物的种子和叶面的杀菌剂和除草剂对植物生长和固氮细菌（如根瘤菌）也会有影响。如100~300mg/kg的有机磷杀虫剂Profenofos能暂时抑制固氮细菌数量，10~300mg/kg杀螨剂Bromopropylate能显著抑制固氮作用。用于浸种的杀真菌剂往往在幼苗根区浓度较高，对根瘤菌可能产生副作用。

第五章　土壤健康在生态系统中的意义

一、土壤健康的内涵

“健康”通常被定义为“机体处于正常运作状态，没有疾病”。健康的概念最初广泛应用于人体，之后用于动植物和公众健康，随后又应用到环境健康领域。1941 年美国生态学家 Aldo Leopold 首先提出了“土地健康”的概念，他认为健康的土地能够维持各项功能的正常发挥，而土壤疾病则表示土地功能出现紊乱。耕地作为农业生态系统的重要组成部分，在维持农业生态系统平衡方面起着关键的作用，加拿大 1990 年设立的“国家绿色计划”(National Green Plan) 中包含了农业生态系统健康的概念，1998 年发表的《农业生态系统健康：分析与评价》以及 Smith 等人指出，农业生态系统健康是指农业生态系统避免发生失调综合症、处理胁迫的状态和满足持续生产农产品的能力，耕地是否能保持稳定性和可持续性，决定着农业生态系统是否能够良好地运行。此外，耕地是由自然土壤和人类利用管理（耕作、灌溉、施肥、改良等）综合作用的结果，假设耕地所处的社会经济条件以及人类利用管理水平一致，则耕地健康的核心为土壤健康。

土壤健康这一术语源于土壤质量通过作物质量影响动物和人类健康的观察结果，通常用生物有机体的健康说明，例如能够抑制某些疾病的土壤，不会对动植物产生危害。土壤健康是生态系统健康的重要组成部分，国外学者对土壤健康这一概念的内涵提出了他们的不同看法。Trutmann 等认为，土壤健康指使土壤作为重要的生命系统行使各种功能的能力，以及在生态系统水平和土地利用的边界范围内，维持生产植物性和动物性产品的能力；维持或改善水和大气质量的能力；以及促进植物和动物健康的能力。Doran 和 Zeiss 认为，狭义的“土壤健康”是指最大限度减少土传植物疾病生物的数量及有关疾病的发生，最大限度地减少、控制土传昆虫或者其他害虫的数量和活动范围。Wolfe 则指出，土壤健康是指采用生物、物理和化学方法相结合地实施土壤管理的综合措施，在最大限度地防止生产对环境有负面效应的前提下，使作物生长达到长期的可持续发展。我国学者对这一概念也有自己的见解。章家恩认为，土壤健康是指土壤处于一种良好的或正常的结构和功能状态及其动态过程，能够提供持续而稳定的生物生产力，维护生态平衡，保持环境质量，能够促进植物、动物和人类的健康，不会出现退化，且不对环境造成危害的一个动态过程。周启星指出，土壤健康的最为基本的判断标准，首先是能生产出对人体具有健康效益的动植物产品，其次是应该具有改善水和大气质量的能力以及有一定程度的抵抗污染物的能力。当然，更为重要的是，还应该能够直接或间接地促进植物、动物、微生物以及人体的健康。联合国粮农组织在2011年明确了土壤健康的定义："土壤作为一个生命系统，具有的维持其功能的能力。健康的土壤能维持多样化的土壤生物群落，这些生物群落有助于控制植物病害、害虫以及杂草虫害，有助于与植物的根形成有益的共生关系，促进循环基本植物养分；通过对土壤持水能力和养分承载容量产生的积极影响，从而改善土壤结构，并最终提高作物产量。"

二、土壤健康的意义

土壤健康是农业可持续发展的必要条件，只有健康的土壤才可以培养出健康、安全的农产品，从而保证动植物和人类的健康。为了维持土壤健康，人类需要不断克服土壤及其生态环境的不利因素，因地制宜，合理利用土壤资源，最大限度发挥土壤的自然优势，并保持土壤生态系统功能的多样性。

（一）土壤健康与农产品安全的关系

粮食供应依赖于土壤，只有健康的活性土壤才能生产营养丰富、品质优良的粮食和动物饲料。人口增长与粮食供求的矛盾，早在1798年Thomas Malthus的一篇论文中就提到了。最新的研究表明，世界各地土壤退化和健康状况恶化已经威胁到农产品产量，现在粮食产量已大约减少了16%，特别是非洲、中美洲，非洲牧场地区则更加明显。显然，土壤健康影响着农产品的"数量"。

土壤影响人类健康的主要途径是影响农产品质量，其影响分为两方面。一是农产品中对生命有益元素或物质的含量，这些有益化合物或元素主要有锌、硒、铁、胡萝卜素、各种维生素以及人类必需氨基酸等。植物的正常生长取决于土壤中各种营养素的足量供给。质量安全的农产品获得，更取决于供给它营养的土壤中各种营养素的平衡。理想的土壤中，固体占 50%，空气和水分各占 25%。固体中矿物部分占 45%，余下 5%的有机质中，各种活动的生物有机质占 10%，根系有机质占 10%，已经转化为稳定的高分子的有机质占 80%左右。矿物质是构成“土壤肥力”在重要因素，它直接影响土壤的理化性质、及生物与生物化学性质，是植物养分的重要来源。营养健康的土壤，矿物质种类齐全、比例适宜、含量丰富。腐殖质是土壤有机质的主体成分，具有吸收、缓冲及络合重金属的性能。土壤有机质高，则土壤生物多样性高，缓冲能力高，抗污染、抗干扰能力强，“健康指数”也就高。土壤有机质是土壤中各种大大小小生物的碳源和能源。在丰富的有机质状态下，土壤中自然形成庞大的食物网，构建起健康的生态系统。这个庞大的生态系统就是土壤活力的来源，从养分转化到病虫害控制，都起着极为重要的作用。据联合国粮食及农业组织的资料表明，全世界有近 20 亿人处于各种不同的营养缺乏状态，其中有多种微量元素缺乏症，又称“隐性杀手”。二是农产品中有害或有毒元素或物质的含量，这类物质主要是农药的残留，还有重金属如镉、铅、汞、砷和硫代葡萄糖苷以及各种毒蛋白的积累等，所有这些物质在农产品中的含量都受到其种植土壤及相应农田管理措施的影响和调控，土壤中重金属、微量元素的含量、各种农药的残留量直接影响到农产品中这些物质的含量，土壤中营养元素的失衡直接影响到农产品中有机物质如胡萝卜素、硫代葡萄糖苷等的含量。

（二）土壤健康与人类健康的关系

土壤的自然演化过程和人类的活动过程都深刻影响着土壤中各种元素的分布和含量。世界可持续农业协会主席 Madden 曾指出，只有健康的土壤才能产生健康的作物，进而造就健康的人群和健康的社会。

从 18 世纪到 20 世纪初期，很多医生在寻找人类病因时最早都在土壤那里找到了源头，也因此撰写了土壤与健康相关的书籍。第二次世界大战期间，美国土壤肥力学家将 69 584 个水兵的牙齿健康记录与水兵各自出生地的土壤性质进行了关联性分析，在物流和人流尚不发达的当时，人民吃着当地的食物长大，结果发现土壤钙的含量和含钙植物的可吸收程度深刻影响着牙齿的好坏，写就了《牙齿与土壤》一文。基于土壤健康与人类健康方面的研究，Waksman 曾在 1952 年获得了物理和医学诺贝尔奖。从这以后，对土壤放射菌的隔离和调查研究越来越多，很多抗生素及其在人类医学上的应用也随之产生和被发现。到了20世纪60年代，日本更是出现了一起震惊中外的环境公害。因为工矿冶炼产生的镉污染了稻田，当地居民长期食用镉超标大米，导致数百位老年女性罹患“痛痛病”。

总体说来，土壤可以通过多条途径影响人体健康，这些影响既有正面的，也有负面的，既有直接的，也有间接的。人体摄入、吸入或者皮肤吸收土壤成分可以直接影响人类健康；土壤也可通过水圈、大气圈和生物圈等与土壤圈密切联系的圈层间接影响人类健康。

人体所必需的矿质养分大部分来自土壤，土壤中矿质养分缺乏也会导致人体养分缺乏。如土壤中的碘缺乏可导致人体的甲状腺肿，硒缺乏导致人体患大骨节病、克山病等疾病，也可引起肝功能紊乱、免疫功能下降等不利的健康效应，甚至癌症的发病率也与环境缺硒有一定相关性。南方低氟的土壤分布区，人群长期氟摄入量不足会引起人体的疾病，如儿童的龋齿等。相反，土壤硒过量会导致人体中毒，产生脱发、脱指甲、皮肤溃疡和四肢麻木等症状，并有死亡发生。北方富氟的土壤通过食物和水这些食物链影响人体健康，长期摄入过量的氟会造成人体氟骨病。人体所需的微量元素中，铁和锌也经常缺乏。据估计，全球40%的人口缺铁、33%的人口缺锌，主要影响发展中国家以禾谷类为主粮的人口。缺铁、锌的主要原因是禾谷类中这两种元素含量普遍较低，而且由于植酸对铁、锌的结合，使得禾谷类中这两种元素对人体的有效性很低。土壤中铁的含量很高，但在中性至碱性条件下铁的有效性很低，有些农作物容易缺铁。稻田淹水后，土壤中部分铁被还原为溶解度高的亚铁，甚至可以导致水稻亚铁毒害，但是水稻籽粒中铁含量仍然较低，说明水稻对铁向籽粒的转运有着严格的控制。碱性土壤锌的有效性也低，土壤锌含量和pH是影响禾谷类锌含量的重要因素，向土壤施用锌肥或向作物叶面喷施锌肥可以显著提高籽粒锌含量。叶面喷施锌、铁、硒、碘混合溶液显著提高小麦籽粒锌、硒、碘含量，铁含量也有小幅度增加。对于禾谷类粮食，通过遗传育种降低植酸含量是提高铁、锌人体有效性的一种策略。

土壤中的各种污染物不仅会引起生态环境质量恶化，还会通过食物链传递进入人体，影响人体健康。第一，土壤中存在多种人体致病菌，抗生素抗性基因的传播可能增加这些致病菌的风险。土壤的微生物组可能也会影响人体的微生物组，从而间接影响人体健康。土壤还会通过影响地下水和空气质量影响人体健康。有研究表明，土壤湿度大的地区婴儿死亡率比与之相比较的相对干燥地区高31.9%。虽然目前无法解释其中的真正缘由，但也可能是由于土壤湿度大的地区更冷，母亲和婴儿更容易感冒和出现呼吸道疾病。第二，我国土壤污染问题比较突出的是无机污染物重金属。就重金属向农产品迁移行为而言，重金属可以划分为4类。第一类是在土壤中溶解迁移能力较弱的元素，它们在土壤中生物有效性较低，如银、金、三价铬、汞、铅、锡、钛、锆、钇等。第二类是在植物体内转运能力较弱的元素，如铝、砷、铁、汞、铅等，这些元素往往积累在根部，很少向植物地上部及可食部位转移。第三类是过量时会对植物生长造成明显毒害的元素，如硼、钴、铜、钼、锰、镍、锌等，对植物的毒害很大程度上会限制这些元素到达人们的餐桌。第四类是向农产品有较高迁移能力的元素，这些元素在对植物产生毒性之前可能就会对人体健康产生影响，如镉、六价硒、钼、砷（针对水稻）等。我国分别有7%和3%的耕地土壤点位镉、砷超标。土壤污染导致了农产品镉、砷超标问题严重，我国南方部分污染地区，稻米镉含量超标高达60%~80%，砷超标高达40%~50%。随着抗生素和抗生素抗性基因污染的加剧，土壤中抗生素抗性基因的水平转移能力也增加。水平基因转移可使抗生素抗性基因在不同种类的细菌之间转移，促使抗生素抗性基因在不同环境间传播。环境中抗生素抗性基因传播的加剧导致了超级细菌事件在世界范围内的频发。若感染人体的破伤风梭菌携带抗生素抗性基因，将会加重治疗难度，引发严重的健康风险。

总之，土壤健康与人类健康或疾病之间存在着密切的相关联系。医学之父希波克拉底曾说："让食物成为您的药物，让药物成为您的食物。"人类的健康严重依赖于土壤的健康。土壤中的营养、污染元素含量和比例，都影响着人类食物的数量和质量。有了健康的土壤，才能有健康的人类。

（三）土壤健康与生态文明的关系

土壤是个开放体系，是岩石圈、生物圈、水圈和大气圈的交互界面，也是陆地上各种生物赖以生存的基础。土壤安全深刻影响着水安全、能源安全、粮食安全、气候变化、生物多样性和生态系统服务。以气候变化为例，土壤是地球上除了水之外的第二大碳库，土壤中储存的碳，比所有植物、动物和大气中碳的总和还要多。土壤有机质的碳含量估计是活体植物的4倍，全世界土壤中的碳储量是大气的3倍多，约15cm表土层中1%有机质中的碳量与农田上空大气中的碳量相当。2015年，法国牵头发起"千分之四全球土壤增碳计划"以平衡人类生产生活所排出的碳，即如果全球1m深度土壤碳库增加 4‰，则能够抵消当前全球二氧化碳的净排放。碳是土壤健康的核心，而土壤碳库变化深刻影响着气候变化。理论上，土壤固碳是一条双赢的途径，既让土壤因“富碳”而健康，又减缓了地球暖化的过程。

土壤健康让文明也更加璀璨。土壤就是财富，世界上有很多国家如海地、埃塞俄比亚等都是因为土壤的破坏而一贫如洗。土壤是人类生存和发展的基础，很多古文明如美索不达米亚、玛雅等就是因为缺乏土壤保护和不善的土壤管理而消亡。*Science* 2010 年刊发的一篇文章说，“伟大的文明都是因为人类无法阻止土壤退化而消亡，而现在我们正面临着同样的命运。”在大大小小的古文明因为土壤侵蚀、土壤盐渍化等等而消失的同时，中华文明的土壤却经久不衰，在当时条件下养活众多的人口和家禽家畜，让中华文明从一开始便得以持续。这个现象引起了美国土壤物理学家 Franklin H. King 的注意，他在日韩短暂停留后，考察了中国整个东部，从南到北，历经 8 个月，写出 *Forty Centories* 一书，现在已被翻译成数十种语言，成为有机农业领域的经典书目。进入 21 世纪以来，我国通过“沃土工程”推进农田有机质提升。据估算，通过“沃土工程”，我国农田土壤碳库的年增加量为 2.5×10^{8}t，合近 1×10^{8} t 二氧化碳当量，相当于 2014 年我国农业温室气体排放的 12%。如果采用有机无机复合施肥、秸秆还田、少免耕等措施配合，我国农田的年固碳能力还能再翻一番，达到近 2×10^{8}t 二氧化碳当量。随着乡村振兴的推进，以及目前农业农村部正在开展的“耕地质量保护与提升行动”，将促进“碳中和”更进一步。2020 年 7 月，习近平总书记曾发出了保护利用好黑土地这一“耕地中的大熊猫”的号召。大量事实证明，如果在农业生产过程中加强土壤质量的有效管理和土壤生物多样性的保护，能使土壤肥力再生，甚至越来越好。通过现代生态农业技术提升土壤有机质，不仅是对“用地养地结合”的中国传统农耕文明的传承和弘扬，也是发展健康农业、推进以农业为基础的乡村产业发展的有力举措，更是对世界气候行动的贡献。

三、土壤健康的生态指示

（一）土壤健康指标的生态特点

由于评价土壤健康的基本指标变化的幅度大，不同学科的科学家很难达成一致的看法。因此，建立一套一致的土壤健康指标体系是非常困难的。目前看来，尽管不同类型土壤的选择指标可能很不一样，还是应当集中关注生态系统的特征，选择合适的范围或者阈值来评估土壤的健康状况。从这一点上来看，选择可以应用于所有土壤的重要生物和化学性质是很必要的。这些理想的范围再和社会经济因素综合起来形成单一的指数，这个指数就可以用来比较不同地区和不同时间的土壤健康和农业可持续性了。澳大利亚学者Pankhurst等提出了土壤健康表征的生态指标体系，主要包括微生物量、土壤微生物、根病原菌、中型土壤动物区系、大型土壤动物区系、土壤酶和植物。这些评价土壤健康的生态指标为我们进一步研究土壤健康提供了更大的空间。耕地的健康指示包括土壤结构、孔隙度、颜色、斑点数量和颜色、蚯蚓数量、耕作层、比表面及团粒结构和表面对风的敏感度；相应的植物指示涉及出现的程度和均匀性、作物高度和成熟度、根系发育大小、产量和其品质、根部发病率、杂草、表面积水次数和持续时间以及生产成本等。这个评估项目最重要的特点就是运用植物反应作为土壤健康主要指示的同时，还运用了传统的形态学和原始标准。1991年，Larson和Pierce提出了一个用于评价土壤健康的最小数据集，还有人提出了土壤质量的生物化学指数。1997年，Doran和Safley又依据最小数据集开发了用于监测土壤质量和健康的指数。1994年，Doran和Parkin认为，基本的土壤质量或健康生物指标应当包括微生物量碳和氮、潜在矿化氮、土壤呼吸、生物碳/有机全碳比等。Pankhurst认为，微生物量、土壤呼吸及其衍生指数、一些土壤微生物功能组、微生物群体结构及功能多样性、土壤酶、微动物区系的功能多样性和植物生长等均可看作土壤健康指示目前具有潜力的生态指标。土壤生物与几乎所有的土壤生态过程有关。土壤有机质、养分通常是土壤变化的产物，而土壤生物及其活动能敏感地反映出土壤健康的变化过程，能被用作土壤变化的早期预警生态指示。

（二）生态指示应满足的条件

研究者们提出了很多观点。如Sherwood和Uphoff指出，土壤健康的生态指示应满足下列标准：一是反映土壤生态过程的结构或功能，同时适用于所有土壤类型和地貌特点；二是对土壤健康变化作出相对敏感反应；三是有可行的度量测定方法；四是能够进行合理的解释。Doran和Zeiss认为，土壤生物作为土壤健康的生态指示器要符合以下5个标准：一是对土地管理的变异敏感；二是与相应的土壤功能有很好的相关关系；三是能说明生态过程；四是能理解和运用于土地管理；五是测量方法比较容易且不昂贵。Griffiths 和 Bonkowski 则提出土壤健康的生态指示器应符合以下标准：一是社会和政策相关，经济可行，社会结构可行；二是分析和度量可行；三是适合不同的规模（如农场、小区、农村等）；四是包括生态系统过程和相关的模型过程；五是对耕作和气候变化的敏感性；六是对大多数使用者都能使用及可接受。综上所述，学者们提出的观点侧重点不同，各有区别，但也有着很多相同之处，如土壤健康的生态指示器必须要对土壤变化的变异敏感，分析测量方法要切实可行，适用范围要广等，都是作为土壤健康生态指示的基础条件。

（三）生态指标的类型

土壤作为土壤动物、土壤微生物和植物生长的场所，土壤健康的状况将直接影响到这些生物的生长。也就是说，土壤的健康状况与生物的生长之间存在着长期协调和适应以及相互反映的关系。所以，用生物的生态指标反映土壤健康或者土壤健康的变化过程成为健康土壤学研究的主要内容。

1. 土壤动物

土壤动物作为活的有机体，受到土壤类型、温度、气候等自然因素和人类耕作以及土地管理利用方式等人为因素的影响，所以土壤健康的指示必然少不了动物指示。目前最受关注的是土壤生物多样性、节肢动物、蚯蚓和线虫这几方面的内容。蚯蚓是陆地生态系统中重要的“生态工程师”。影响土壤中蚯蚓种类和数量的因子有土壤含水量、土壤有机质、土壤 pH 值、耕作制度、农药、重金属含量等，因而研究土壤中蚯蚓的数量和种类的变化情况，也可以了解土壤中这些方面的情况。由于蚯蚓长期生活在潮湿的土壤中，表皮的角质层较普通陆生生物要薄，而且其上还有许多与外界相通的腺孔，因此对土壤中的某些刺激性污染物非常敏感，一旦刺激强度达到其忍受限度，即出现逃逸或迁移行为，以躲避危害其的环境。可见，蚯蚓作为土壤健康的指示生物的优势是显而易见的。目前，线虫已经被认为是反映土壤健康状况的代表性指示生物，并成为国内外研究的热点。线虫作为食物链中的重要成员广泛存在于土壤中，既有与原生动物、蚯蚓等生物一样的重要作用，如分解土壤有机质、促进养分循环、改善土壤结构、影响植物生物量等；又有独自的特点，如个体微小、分布广泛、种类数量繁多、营养类群丰富、形态特殊、食物专一性、分离鉴定相对简单，以及对土壤环境的各种变化包括污染胁迫效应能作出较为迅速的反应等特点。所以，线虫在土壤健康的指示方面具有优势。由于线虫的营养类群结构与土壤碎屑食物网密切相关，因此土壤中取食细菌和取食真菌线虫的数量常被用于反映土壤的健康程度。

2. 土壤微生物

土壤微生物对土壤中许多生命活动和营养物质的循环都是必不可少的，微生物多样性、群落结构与土传病害和土壤健康状况之间都存在密切联系。氮、磷、钾等元素与微生物生物量有着很密切的关系，土壤微生物群落结构和种类可用于估计土壤防病和健康程度，没有土壤微生物就没有土壤健康，没有微生物指标的土壤健康指标也是没有意义的。脂肪酸分析法作为土壤微生物研究新技术相比，能测定出土壤微生物群落脂肪酸指纹、微生物生物量和细菌、真菌生物量和功能微生物等，这些指标都能估计土壤生态系统的健康程度。

3. 土壤酶

土壤酶是土壤中最活跃的组分之一，它参与土壤中各种生物化学过程。不同的土壤类型、剖面分布、根际效应、耕作制度、肥料种类、水分管理、杀虫剂和除草剂等农用化学物质、植被覆盖等培养管理措施、重金属等都是影响土壤酶活性的因素，当然土壤酶活性的变化同样也指示这些因素的变化。用酶活性作为潜在的土壤健康指标有很多有利因素，比如与土壤的基本物理化学指标如有机质、pH 值、土壤结构、微生物活性等密切相关，酶的剖面垂直分布和养分垂直分布一致，对外界变化的影响效应时间短，是一个相对综合的生物学指标；其测定方法、所需仪器设备相对简单易行且重复性好等。因此，土壤酶活性也是土壤健康指标。

此外，叶片颜色、叶面积、生物量以及植物根系和植物根病原体等这些植物的形态和生理的变化也具有敏感性和普遍性，能在土壤受到不同程度和不同类型的干扰时产生相应的反应，也适合作为土壤健康指标。

第六章　土壤健康主要障碍因子及其调理

一、土壤板结

土壤板结属于土壤性质的恶化，其通过影响表层土壤的通气性和透水性直接危害到作物根系的生长和养分的吸收。

（一）土壤板结的概念

土壤的气相和液相一般是此消彼长的关系，但在人为不合理耕种或外力作用下这种平衡会被打破，使得土壤原本疏松的结构被破坏、土料被分散，当土壤表层水分蒸发后，土壤会变得质地坚硬。当土壤受到外部承重载荷时（如农用机的碾压），土壤被夯实，使原有的疏松土壤团粒结构被破坏，由于土壤中的固相和液相是相对不可压缩的，因此主要被压缩的是气相即土壤孔隙，使土壤的容重和密度增大，作物根系向下生长遇到巨大阻力。当土壤比较干燥时，土壤受到承重载荷时主要是在垂直方向的正应力（压力），这种垂直方向上的压力使土壤孔径缩小，使土壤变得紧实。当土壤含水量较高时，土壤受到承重荷载时除了受到垂直方向上的正应力外还要受到切应力（剪切力）作用，在这两种力的作用下，土壤颗粒变得排布紧密，毛细管增多，使土壤的毛管作用强烈，保水通气能力急剧下降，在土壤表层形成紧密的外壳和龟裂。

当田面遭受漫灌或者强降水时，土地表层的水分如果不能及时排出，会对田面造成强烈冲刷，形成淤积。过量的水分使田间持水量达到饱和，剩余水分从田面流走，使细小的土壤黏粒沉积在地表，随着水分蒸发，细小的土壤颗粒由于水的表面张力、范德华力、氢键的综合作用粘结在一起，在土壤颗粒—水—静电力体系下斥力和引力达到平衡，形成牢固的土壤黏聚力。根据土壤颗粒的大小可将土壤划分为黏土、壤土、沙土。土壤颗粒越小，土壤的黏聚力越大，且黏土中所含的有机质少，土壤的通气透水性能较差，难以锁住水分，当漫灌之后土壤中的孔隙被水分代替，随着水分蒸发由于黏聚力和胶结作用，土粒粘结在一起，土壤孔隙急剧减少，剧增的毛细管将土壤中的水分牵引至土壤表层，加剧水分的蒸发，致使田面结成紧密、坚硬的泥壳。当表层板结硬化之后，水分就难以下渗，灌溉效果会大大减弱，若不配合深耕与有机质的追加，土壤肥力难以恢复。

（二）土壤板结的成因

一是农业机械的使用。现代农业投入了大量农机，虽然大大解放了劳动力，但在一定程度上对农田造成了破坏。在不超出土壤塑性范围时，农用机械驶过田面表层土壤时由于车轮的压力发生塑流下陷，土壤表层的团聚体被破坏。土壤较干燥时，压力作用下团聚体崩裂，团聚体间的孔隙被压缩，土粒分散并被夯实，由于大型机械的巨大压力，土壤往往被夯实的厚度超过作物根系的活动层。当土壤较湿润时，在压力下土粒之间相粘结，表层土壤水分蒸发后变得坚硬。虽然旋耕机广泛使用，但耕地的深度难以达到作物生长的需求，其耕地深度通常为 12~15cm，深耕达不到要求，土壤原有结构体系不能得到恢复，作物生长时根系的下行和水分吸收会受到影响，最终影响作物产量。

二是不合理的灌溉方式。漫灌是一种较为原始的灌溉方式，又称重力灌水法，水流借助重力在田面流动，边流边下渗，其操作简单，在过去是一种主要的灌溉方式，但这种灌溉方式存在极大的弊端，其对田面平整度要求高，水的利用率低，同时也对田面造成巨大损害，带走田间土壤，使田面形成淤积，田面土体团粒结构被破坏，田面干燥后毛细管增多，田面板结，同时剧增的毛细管将较高含盐量的地下水通过毛管作用带到土壤上层造成土壤返盐，造成盐碱化的同时进一步加剧土壤板结。

三是不合理的施肥结构。自从化肥问世以来，很快成为农业的新宠，化肥的不断追加使土壤营养结构发生了巨大改变，长期单一的营养结构难免带来副作用。无机肥料的使用加速了有机物的分解，破坏土壤成分构成比例，致使土壤结构被破坏。土壤微生物消耗氮与碳的比例为 1：25，过量的氮肥追加会引起土壤有机质的快速分解。通常过磷酸钙、重过磷酸钙等被用作磷肥，但磷肥过量追加，磷酸根容易与土壤中的阳离子生成难溶性沉淀，不利于作物吸收，影响土壤组成结构和营养结构。如果长期不追加有机肥，土壤中的有机质会大大减少，土壤将逐渐失去蓬松结构，易造成土壤板结。

（三）土壤板结的危害

一是水分下渗困难。当发生土壤板结时，灌溉水或者自然降水进入田间，由于表层土壤质密紧促，在相同时间内健康状态的土壤水分下渗深度要远大于板结土壤水分下渗深度。一方面，板结土壤内部失去了像健康土壤一样的蓬松团粒结构，孔隙量大大减少，单位体积的土体涵水能力远不及拥有团粒结构的土壤。另一方面由于水的表面张力使得水分下渗更加困难，往往进入田间的水分还未穿透上层土壤，多数水分就以地表径流的方式流失掉，留在地表的水分由于下渗不及时，又以地表蒸发的方式散失掉大部分。

二是影响植物根系水分及矿物养分的吸收。存在于土壤中的水分有三种形态，即固态、液态和气态。当土壤中存在固态水时，作物根系一般易发生冻害，属于不可利用水。气态水存在于土壤孔隙中，凝结为液态水时可被作物吸收利用。根据液态水的运动特性可以分为毛管水、重力水、吸着水。毛管水是悬着在土壤毛细管内的液态水，是作物根系吸收利用的主要水分来源，其最大含量被称为田间持水量。重力水是能在土壤孔隙中自由运动的水分，是毛管水达到最大无法吸附的部分，在地下水位较低时，重力水很快流失掉，当地下水位较高时，由于地下水位的顶托作用，重力水停留在根系层内，影响根系的呼吸，易造成根系的腐烂，属于过剩水。吸着水仅仅吸附在土粒表面，是作物所不能利用的，属于无效水。土壤发生板结时，团粒间的孔隙减少，土粒与土粒之间粘结在一起，毛细管之间直连相通，通向地表，将原有土壤颗粒之间的毛管水牵引至地表蒸发散失，作物的主要水分来源被切断，作物吸收营养是通过吸收溶解在水分中的无机物，失去水分后根系也将失去营养供给，导致作物发生缺素症、萎蔫等症状。土壤中的吸附水紧紧吸附在土粒表面，无溶解能力，呈现固态水性质，不可被利用。孔隙中的重力水下层渗漏掉或者被毛管力牵引至地表蒸发散失，此时土壤表面坚硬、质密，外在补充水分难以下渗。板结土壤使作物根系难以向下生长，土壤间孔隙少，氧气不足，作物根系呼吸困难，影响作物的正常生长。

（四）土壤板结的治理措施

一是离子替换法。在我国西北干燥黏土区，由于不合理的耕作，土壤返盐严重，土壤表面由于盐分的作用固化板结，地表质地坚硬，作物根系向下生长困难，大量灌溉水以地表径流和蒸发的形式散失。此类土壤内部结构主要是盐—土粒系统，黏土的微观结构呈小片状，在土片周围粘结了大量的盐分，盐分包裹的土片呈平面分布，构成一张拦截水分的“网”，在灌溉水中加入一定浓度的可溶性钙可以打破这种平衡。当可溶性钙溶液进入坚固且难以透水的盐—土片体系时，钙离子替换土片周围的钠离子，吸附在土片上的钙离子更薄，土片可在垂直结构上重叠，平面布置的拦水“网”出现漏洞，水分便可以下渗，在同样时间内，可溶性钙溶液下渗深度是普通灌溉水下渗深度的 2~3 倍，水分的下渗率增加可以有效减少灌溉水用水量，避免水分对田面的过分冲刷和地下水携带水分上移造成土壤板结。

二是绿肥轮作与秸秆还田。在农闲季节通过种植绿肥可以让土壤得到间歇性恢复，绿肥投资成本低、管理投入少但却能带来很高的综合效益，通过对田面的覆盖可以减少雨水对土壤的冲刷，避免水土流失。某些豆科绿肥可以有效固氮，吸收钾元素，提高土壤肥力。绿肥和秸秆还田能够为土壤补充大量新鲜有机质，在土壤中分解形成腐殖质，腐殖质在土壤中与钙结合可以形成疏松多孔的土壤团粒，使土壤的耕作层变得疏松多孔，提高土壤的通气透水性和保水保肥能力。这些新鲜残体在土壤分解过程中可以促进土壤微生物数量的增加，加快土壤的熟化，同时配合深耕能够有效避免土壤的板结。值得注意的是未经过处理的绿肥、秸秆中可能含有虫卵，造成虫害。

三是使用土壤改良剂。土壤改良剂分为天然改良剂、人工合成改良剂、生物改良剂等。天然改良剂有天然矿石、有机固体废物、无机固体废物和天然高分子化合物等，其中石灰、石膏可以通过中和反应改善土壤酸碱环境，保证作物的正常生长，还有另一些天然矿物改良剂施加在土壤中可以黏着土壤颗粒，形成土壤团聚体，增强保水能力。生物改良剂主要是有益微生物制剂类，通过增加土壤有益菌群，改变土壤的理化性质和营养结构，促进土壤生态的稳定。人工合成改良剂主要是高分子化合物，如聚乙烯醇类、聚丙烯酸类等，此类改良剂施加到土壤中会粘结土壤中的小土粒，形成大的土壤团聚体，增加土壤孔隙和毛管孔隙度，从而使土壤的容重降低，可以明显地改善土壤的通气透水性，增加水分下渗率，减少灌溉水的地表径流和地面蒸发损失，起到保水保肥，避免土壤板结的效果。

二、土壤酸化

正常土壤 pH 值在 7 左右，而我们使用的化肥大部分是酸性的，尤其是一些小厂家生产的化肥质量不过关，酸性程度更严重。土壤过酸或过碱作物都无法健康生长。本来化肥就是一种强酸弱碱盐，长期大量使用，会造成土壤酸化，pH 值降低。

（一）土壤酸化的概念

土壤酸化是指土壤吸收性复合体接受了一定数量交换性氢离子或铝离子，使土壤中碱性（盐基）离子淋失的过程。土壤酸化是我国南方存在的典型现象。南方因降水量大而且集中淋溶作用强烈，使得钙、镁、钾等碱性盐基大量流失，加上燃煤及工业化活动产生的酸雨，农业生产中化学氮肥料的大量使用，均导致土壤酸化的现象越来越严重。土壤中酸主要以活性酸和潜性酸两种形式存在。活性酸氢离子主要来自于生物体呼吸作用和有机物分解等过程中所释放的二氧化碳溶于水形成碳酸再电离；还有一部分来自有机质嫌气分解产生有机酸，好气分解所产生的无机酸及无机肥料中残留的酸根等。潜性酸是指吸收在土壤胶体上，且能被代换进入土壤溶液中的氢离子和铝离子。它们平时不显现酸性，只有通过离子交换作用，被其他阳离子交换到土壤溶液中呈游离状态时，才显现出酸性。土壤酸化导致了土壤贫瘠、土壤质量下降、重金属活性增强，土壤保肥供肥能力减弱，严重影响了作物的生长发育，降低了作物的产量与品质，进而影响人类食品安全与健康。土壤酸碱度是评价土壤肥力的指标之一。

（二）土壤酸化的成因

一是酸雨影响。据调查，2019 年我国江南、华南等地持续出现强降雨过程，局地大暴雨，引发多地出现洪涝灾害。强烈的淋溶作用导致土壤中的钾、钙、镁等碱性离子大量流失，且雨水中携带的氢离子以及雨水与土壤反应产生的氢离子导致土壤盐基不饱和，加剧了土壤酸化。研究表明，工业燃煤及汽车产生的废气排放等形成的硫酸和硝酸分子，随降雨形成酸雨进入土壤，破坏了土壤中如碳酸钙等缓冲物质，淋洗了土壤中的盐基离子，导致土壤逐步酸化。另外，工业废水、废渣和矿渣等可直接或者间接造成土壤和水体污染，导致土壤酸化。

二是不合理使用化肥。在作物生产过程中，不合理的种植制度和过量施用化学氮肥，往往会直接加剧土壤酸化，尤其是化学氮肥的过度施用。有研究指出，施用氮肥比酸沉降的影响大 25 倍；在小麦、玉米、水稻田中，

70%的酸化是因为过量施氮造成的，而在果蔬田中过量施氮对酸化贡献率高达90%，特别是在土表滥施氮肥；但是合理施用氮肥，对酸化土壤有改良效果。此外，大水漫灌等不合理的灌溉方式，一定程度加速了土壤酸化。为了过度追求农作物产量，大量施用化肥也是导致耕地大面积酸化的因素之一。研究显示，我国化肥用量是美国的2.6倍，欧盟的2.5倍。此外，重氮肥、轻磷钾肥等不合理的施肥措施以及一些不合理的施肥方法，降低了土壤有机质含量，破坏了土壤胶体，弱化了土壤缓冲能力，加快了盐基离子淋失，使得农田土壤酸化和营养元素失衡。

（三）土壤酸化的危害

一是影响土壤质量。土壤酸化首先是影响土壤养分的有效性。土壤酸化后，土壤肥力下降，土壤中碱性盐基离子减少，铝离子和氢离子增加，在有机质不足的情况下，土壤物理性质恶化，黏重板结，通气不良，导致土壤质量下降。有研究表明，土壤的矿物质溶解、有机质分解以及土壤营养元素的转换与土壤pH值有关，土壤中的钙离子、镁离子、钾离子等流失量与土壤pH值呈显著正相关关系，土壤养分含量与土壤pH值呈显著负相关，土壤酸化后能够增强土壤中金属离子的活性，如铝、铁、锰、铬和铅，加重土壤重金属的危害，也导致土壤保肥供肥能力低，影响土壤自身对磷酸的吸附固定，降低磷肥肥效。此外，土壤酸化还会影响土壤酶活性。研究表明，土壤pH值上升，脲酶、磷酸酶、蛋白酶活性均受到了抑制，土壤酶活性降低，影响土壤微生物，加剧病菌微生物危害。

二是影响作物生长及生产质量。大多数大田作物适宜生长的土壤pH值为6~8。土壤酸化影响种子的萌发、养分的吸收和生理活动。研究表明，模拟酸雨可抑制早稻种子萌发，降低种子活力，影响早稻幼苗生长，最终导致农作物减产；土壤酸化会影响作物根系的生长，进而影响养分吸收；土壤中可被作物吸收利用的有效态氮含量会随土壤pH值下降呈直线下降趋势。土壤酸化会影响作物体内酶活性和光合性能的发挥，进而影响作物生理活动及生长发育。研究表明，烤烟叶片的超氧物歧化酶活性，在土壤pH值为4.5时最强，而此时丙二醛含量最低；当土壤pH值小于5.0或大于7.0时，水稻叶片光合速率、光系统Ⅰ和Ⅱ的电子传递活性以及类囊体膜室温荧光发射峰值均有不同程度的降低，其中尤以pH值4.0时降低幅度最为显著。正常情况下，土壤的pH值范围为5.5~7.5，在此范围内农作物能够正常生长，过酸或强酸土壤均会影响农作物根系对土壤养分的吸收利用，导致大量减产甚至绝收；同时，土壤酸化加速了土壤中含铝原生矿物和次生矿物风化而释放的大量铝离子，形成植物可吸收的含铝化合物，植物长期和过量吸收铝离子将引起作物中毒或死亡，导致农作物大量减产甚至绝收；土壤酸化能显著降低晚稻产量以及小麦叶面积、株高和地上部分干物质产量；水培试验研究表明，烤后烟叶化学成分、烟碱、焦油与土壤 pH 值有关，土壤 pH 值 6.5~7.5 的烟叶品质最好，过高或过低都不利于烟叶品质的提高。此外，土壤酸化还会影响土壤重金属活性，导致农作物重金属积累量增加，影响农产品品质。

（四）土壤酸化的治理措施

一是农艺调控措施。通常采取施用熟石灰来改良酸性土壤或防止土壤酸化，提高土壤 pH 值，改善土壤养分状况，但长期施用熟石灰，会导致土壤“复酸化”、板结，使土壤中钙离子、镁离子、钾离子等矿质营养元素比例失调，或者造成土壤局部碱化。近年来，施用土壤调理剂成为治理土壤酸化的一项重要措施。治理土壤酸化的土壤调理剂，其主要成分为碳酸盐和硅酸盐，它含有丰富的钙、镁、硅、钾、铁等矿质营养元素。相关研究报道，施地佳、宜施壮、特贝钙等土壤调理剂，能够改良土壤理化性质、改善土壤水分状况、提高土壤通透性、调节土壤 pH 值，降低土壤中潜性酸含量。土壤调理剂与土壤中酸离子反应比较温和，一般不会造成土壤局部偏碱性及土壤板结。此外，土壤调理剂对土壤中微生物活性影响较小。施用生物炭和复合肥料，也是近年来改良酸性土壤常见的方法。研究表明，生物质炭能降低土壤交换性酸（氢、铝）总量，且施用量越大降低的幅度越大。由于稻壳炭含有一定量的碱性物质和盐基阳离子，土壤中添加稻壳炭可以增加土壤交换性盐基数量和盐基饱和度，降低土壤酸度。在弱酸性土壤中施用复合肥料，配施草木灰和磷矿粉等，也能改良酸化土壤，且成本低。

科学用肥是治理土壤酸化的重要措施。研究表明，测土配方施肥可以提高肥料利用率，减少化肥施用量，有利于减缓土壤酸化的速度；施用有机肥及有机无机肥配合施用，同样可以减缓土壤酸化，提高土壤通透性，改善土壤团粒结构，促进作物生长发育，提高产量和品质。秸秆还田和种植绿肥也能提高土壤有机质含量，降低土壤容重，形成丰富的土壤耕层结构，减缓土壤酸化。同时，增施微生物菌剂也有利于酸性土壤的改良。土壤酸化过程中，微生物种群会遭受不同程度破坏，有害微生物种群数量增多，有益微生物种群数量减少。研究表明，施用一定量的微生物菌剂，能够有效降解土壤中的农药、化肥和一些其他有害物质的残留，提高土壤有机质含量以及土壤养分利用率与转化率，疏松土层，增强土壤肥力；微生物分泌的酶类、糖类、溶菌体，可减缓土壤的酸化。

二是合理的耕作方式。合理的耕作方式能够显著改善土壤团粒结构、提高土壤通透性和保水率，减缓土壤酸化，例如采用垄播和深耕土层的措施，能够提高土壤中的微生物活性，改善土壤团粒结构，提高土壤肥力，一定程度上降低土壤酸化的速度。

此外，生态种养也是减缓土壤酸化的生产模式之一。生态种养模式是以农作物与水产、家禽进行立体生产的农田系统物质循环过程，主要有稻田和旱地两种类型。研究表明，稻虾生态种养模式使土壤中的全氮含量和 pH 值随种养年限增加而缓慢上升；稻田种养模式可减少化肥和农药的投入，减缓土壤酸化，实现物质循环利用与持续高效生产。旱田种养模式下，多元化运用间、混、套作以及再生和复种等模式，可有效缓解作物连作导致的土壤酸化。

三、土壤盐渍化

我们使用的化肥本身就是一种无机盐，由盐离子构成，过多的离子残存到土壤之后，导致土壤含盐量过高。表现在根系不能正常吸水，影响蔬菜植株生长，严重的时候可以说作物就像种在盐水里，出现淹根、死棵的现象。盐离子之间会产生拮抗，影响蔬菜对各种元素的吸收利用。

（一）土壤盐渍化的概念

土壤盐渍化是可溶性盐离子不断地向土壤的表层积聚，从而改变土壤理化性状，导致土壤基本特性发生不良变化和质量下降的过程。该过程与矿物质的沉积、含盐地下水位的升高、土壤盐度以及土壤中高浓度的可溶盐及低比例的可交换钠离子有关。按照美国土壤盐度实验室定义，25℃时土壤饱和溶液电导>4ds/m，可交换钠离子比率<15%，称为盐渍化土壤。广义的盐渍土包括高盐土、高钠土和高碱土。土壤盐碱化和钠化是威胁生态系统的主要土壤退化过程，被认为是全球范围内威胁干旱和半干旱地区农业生产、粮食安全和可持续性的最重要问题之一。土壤盐渍化会使农业生产力、水质、土壤生物多样性和土壤抗侵蚀的能力下降。受盐影响的土壤缓冲和过滤污染物

的能力下降。受盐影响的土壤降低了农作物吸收水分的能力和微量元素的可用性，同时还集中了对植物有毒的离子，并可能使土壤结构退化。

（二）土壤盐渍化的成因

土壤盐渍化成因分为原生（自然）、次生（人类活动）、气候及其变化几种。

一是原生盐渍化的自然过程。由于自然原因引起的土壤盐渍化称为原生盐渍化。地球表层成土母质的地质化学风化、大气沉降、海水侵蚀、低洼地区含盐地下水位的上升等均会形成土壤盐渍化，各个地层的沉积物和母质中有可溶盐的存在，常常预示将有盐渍土形成的可能。如成土母质含有金属碳酸盐或长石的地区易于发生土壤盐渍化；地下水矿化度高，含盐地下水水位较高的地区因地质活动或其他原因使盐分积累在地表会造成土壤盐渍化；滨海地区海潮活动、海风及近海降水也会将盐分带到土壤，造成土壤盐渍化，荷兰、丹麦、比利时的一些农用地的盐渍化就主要由于滨海造成。此外，土壤的多孔性、结构、质地、黏土矿物成分、密实程度、渗透速率、储水能力、饱和及非饱和导水能力都影响土壤盐渍化，在自然条件下，盐化过程和脱盐过程经常周期性交替进行，当盐分聚积作用大于淋溶作用时，发生土壤盐渍化。盐分聚集通常在干旱区或旱季发生，雨季时淋溶作用较大，盐类按溶解度差异集聚深度不同，溶解度大的盐分沉积深度较深。

二是次生盐渍化的人为干扰过程。人类活动引起的土壤盐渍化称为次生盐渍化。使用含盐水进行灌溉、使用土壤改性剂、施用化肥等都会引起土壤盐渍化。农业中过度施用化肥，不仅造成营养浪费，还形成土壤盐渍化及面源污染，有的还污染了地下水；地下水是影响盐分迁移、积累和释放的主要因素，地下水过度开采，导致气体和盐分释放，对蓄水层中盐分分布有不利影响。灌溉水分布不均匀、伐薪开荒及排水不畅，导致地下水位上升，调动土层中积累的盐分，达到土壤表层——植物根区，引起土壤盐渍化。一些水利设施会阻塞含盐水的天然排水沟，在蒸腾作用下，使盐分留在土壤表层。对含盐度高的工业废水管理不当、使用高盐度的生活污水进行灌溉都会导致土壤盐渍化。集约化农业使用大型机械耕作碾压，增加了土壤密度，降低了孔隙度，不利于土壤中盐分的下移，渗透层土壤密度增加影响植物水分、养分的输送，引起作物减产。滨海地区对地下水过度开采引起海水倒灌，导致土壤盐渍化。过量使用融雪剂也会引起土壤中盐分积累，最终盐渍化。

三是气候及其变化的影响过程。气候及其变化也是引起土壤盐渍化的原因之一，常常与人为活动相伴。全球变暖引起水文循环的变化，温度上升，海平面升高，土壤盐渍化程度加剧。滨海农田因海平面上升，内陆下沉，淡水资源逐渐减少，土壤更容易发生盐渍化。另外，随着温度的升高，灌溉水需求量越来越大，含盐污水使用增加，经蒸发后，盐分会遗留在土壤中。除此以外，气候变化也可能引发洪水和山洪，导致易释放盐分的地质基底释放盐分，溶解后转移至土壤，形成盐渍土。人为活动与气候变化对土壤盐渍化的作用比自然原因引起的盐渍化更为严重。

（三）土壤盐渍化的危害

土壤盐渍化不仅破坏土壤的物化属性，还阻碍植物的生长，对整个生态系统有害，除此以外，还对一些非生态因素，如社会和经济效益产生不良影响。土壤盐渍化对农业生产有显著的负面影响，盐渍土降低了渗透压，土壤中的钠离子、镁离子会毁坏植物细胞形态，限制植物光合作用，降低叶绿素生产量；盐离子在氮代谢中产生有毒中间体，阻碍代谢，导致植物生理性缺水，降低植物养分吸收能力，使其发育不良，产量减少，甚至死亡。科学家还发现，土壤盐分增加会显著提高重金属的迁移能力，加重土壤中重金属污染，提升修复难度。另外，盐渍土会破坏供水及交通基础设施，如盐渍化土壤会使浅层地下水含盐量提高，侵蚀给排水管网，盐渍土堆筑的路基因溶蚀极易损坏，溶胀和膨胀的盐渍土路基很容易塌陷，导致道路的破坏。2016年匈牙利土壤及地下水的盐渍化给供水基础设施带来 1 823 万欧元损失，同年，西班牙因同种原因损失 1 208 万欧元。

土壤盐渍化对生态系统带来极大的负面影响，土壤呼吸、残物分解、营养及去营养等都发生了不利变化，降低了生物多样性及微生物的活性，增加了黏土颗粒分散性及风化水蚀速率，使肥沃多产的土地退化，植被消失。污染地下水，浪费宝贵的淡水资源。另外，盐渍土还可以作为大气颗粒物的来源，影响空气质量。2002 年北京沙尘成分与内蒙古干盐湖中盐渍土成分显著相关，经主因子溯源分析，认为盐湖中的盐渍土是北京沙尘暴来源之一。除此以外，社会经济效益也受到影响，土壤盐渍化会影响旅游业及居民生活，经济损失很大。2012 年，欧共体选定区域进行土壤盐渍化经济影响研究，结果显示 1 年损失达 6 亿欧元。

（四）土壤盐渍化的治理措施

一是灌排措施。灌排措施主要遵循土壤水盐运动规律，水的下渗作用将土壤中可溶性盐离子随水排出土层或耕层以下，从而降低土壤耕层的盐分含量。因此灌排措施主要是通过灌溉、排水、冲洗、放淤等方式来进行脱盐、排盐。初期治理盐渍化土壤的灌排措施手段上主要有大水漫灌、井灌、明沟排盐，但这些措施在调控水盐平衡上并不理想，容易造成地下水位上升，积盐反盐。随着对治理盐渍土研究的不断深入，灌排措施从大水漫灌发展到精准滴灌、从明沟排盐发展到暗管排水排盐。目前，较为常用的灌排措施有咸水结冰灌溉融水、微咸水合理灌溉、暗管排盐、覆膜滴灌等。在特殊水资源的合理利用方面，研究表明水位调控联合微咸水灌溉能有效降低土壤电导率，减少盐分在耕层积聚，缓解土壤耕层积盐问题，但咸水矿化度普遍偏高并不能直接利用，不同作物灌溉微咸水矿化度存在差异，当灌溉咸水矿化度过高时，作物产量下降明显；有学者提出可以采用冬季咸水结冰融水压盐改良盐渍土壤，主要原理是利用抽取的高矿化度地下咸水结冰后冰层融化过程中的咸淡水分离效应，通过融出咸淡水的梯次分离渗入，先融出的水矿化度较高，后融化的低矿化度淡水可有效淋洗土壤盐分，从而实现耕层脱盐。灌溉用水是盐渍土壤水盐调控的重要组成部分，在干旱、半干旱地区，由于水资源匮乏，对盐渍土壤主要通过暗管排盐，同时用滴灌等其他措施排盐。暗管排盐技术是通过在地下埋置暗管，当雨水或灌溉发生，盐分被水淋洗至暗管处，通过暗管排水实现排盐。目前，我国进行灌排治理盐渍土中淋洗水一般为就近直排，对淋洗水的循环利用的研究甚少。有学者提出利用反渗透技术改善灌溉用水资源和淋洗水水质，即原水为非灌溉水资源，经反渗透技术处理，水质达到灌溉标准后，对盐渍土壤进行灌溉淋洗，淋洗后水收集循环处理继续灌溉利用。

二是物理调节措施。物理调节是通过改变耕层土壤物理结构、降低水分蒸发量、增加深层渗流量来调节土壤水盐运动，从而提升土壤入渗淋盐机能，阻抑土壤盐分上行并减少其耕层聚集量，进而改善土壤质量。物理调节措施主要有秸秆深埋、地膜覆盖、耕作保墒、深耕施肥、平整土地等措施。秸秆深埋是通过在耕层以下铺设隔层，在水平方向形成板状结构，切断土体中毛细管，减少因蒸发作用的水分上移，阻止深层土壤盐分向耕层运移。耕作保墒是通过保护性耕作使土壤维持适合的作物生长环境，实施秸秆覆盖和深松等措施改善土壤质量。土壤有机碳是评价土壤肥力的重要指标，在维持植物生长和调节土壤功能，以及全球碳循环发挥着重要作用，而增加有机碳含量最有效的办法就是秸秆还田。秸秆还田能够有效增加土壤有机碳含量，一些学者还提出采取秸秆翻压还田，与覆盖相比更有利于改善土壤结构，提高有机质含量。地膜覆盖是通过在土壤表面铺设一层非透气膜，减少土壤水分蒸发量，达到保温保水控盐的目的。20 世纪 70 年代我国从日本引入地膜覆盖技术至今，在干旱和半干旱地区已经得到了广泛应用。但同时所带来的“白色污染”也愈发严重，早期使用的地膜大多都为聚乙烯制备，使用后无法降解，回收困难，地膜残留会阻断同层次土壤毛细管，影响土壤微生物多样性，降低土壤透水性。随着对材料科学的研究不断深入，出现了可降解液体地膜、综合肥料配施等物理调节措施的新方法。综合肥料配施是通过施用多种肥料如有机肥、无机肥、微生物肥料等其他肥料根据盐渍程度进行混合配施来达到改善土壤微生物多样性、提高耕层氮素肥力的目的。总体上物理调节治理机制相对明确，治理后土壤盐分含量显著降低，并且秸秆覆盖、深埋等措施可减少焚烧数量，缓解环境压力，但治理效果上随土壤质地、剖面构型、气象和地下水条件、灌溉水质水量等状况不同而有所差异。

三是化学改良措施。化学改良主要是通过向土壤中加入改良物质，与土壤胶体中的钠离子发生置换，随水排出耕层土壤。改良土壤理化性质，使容重下降，土壤孔隙度增加，土壤透水性增强，降低表层土壤水分蒸腾量，抑制盐分随水向表层聚集。化学改良材料根据其组成成分为三种：含钙物质材料、酸性物质材料和其他改良材料。①含钙物质材料。含钙物质改材料良盐渍化土壤机理主要是利用溶解后的钙离子与土壤胶体上的钠离子发生置换淋洗出土体以降低或消除其水解碱度，如脱硫石膏、磷石膏、过磷酸钙等。脱硫石膏又称烟气脱硫石膏，是烟气脱硫过程中最典型的工业副产物，改善盐渍土的机制主要是通过与土壤发生“盐类转化”和“离子置换”两种化学反应。盐类转化是将土壤中对作物毒害性较强的碳酸盐转化为影响较小的硫酸盐；离子置换是将土壤中的钠、钾、镁离子置换出来，再通过灌排措施将盐分淋洗至耕层以下或随水排出，从而实现治理的目的。近年来由于烟气脱硫石膏具有更经济、环保被广泛应用于改良土壤等方面。目前施用脱硫石膏的方式主要为地表撒施，但撒施后往往均匀度得不到有效保证，部分脱硫石膏在土壤表层结块，无法与土壤进行充分结合。有学者提出条施脱硫石膏相比于传统撒施更能有效改善植物根系土壤质量，作物增产效果明显。尽管脱硫石膏改良盐渍土效果显著，但过量地施用脱硫石膏对植物生长不利。②酸性物质材料。酸性物质材料改良盐渍化土壤机理主要是利用有机酸解离、无机酸释放和铁离子、铝离子水解形成的氢离子与土壤溶液中的碳酸根离子、碳酸氢根离子发生化学反应，中和排出土壤溶液中的氢氧根离子，从而使土壤 pH 值和碱化度下降，消除碱化的危害，如腐殖酸、菌糠、磷酸二氢钾等。腐殖酸具有多种活性基团，如羟基、酚羟基、酮基等，有较强的离子置换能力，施入土壤中能够提升土壤有机质、速效钾、有效磷含量，改善土壤团聚体微观结构，从而增强盐分淋洗，减少耕层盐分的含量。腐殖酸通常可以和其他肥料共配形成更有效的复合肥料，提供植物生长所需营养物质。腐植酸与硫磺混施比单独腐植酸施用于盐渍土中对缓解盐分胁迫对大麦生长的影响更好，可以使土壤保持较低的 pH 值与电导率、较高的有机质含量、更高含量的营养元素。菌糠也称菌渣、菇渣，是食用菌培养基废料，施入土壤后与土壤胶体结合，土壤中钠离子被置换出来，从而降低土壤 pH 值和碱化度，提高阳离子交换量，并且菌糠中含有大量菌丝及矿物元素，能够增强土壤团聚体稳定性，提供植物所需营养成分。③其他改良材料。有许多其他类型改良材料可用于改良盐渍土，如生物碳可以改善土壤的理化性质，提高洗盐效率；聚丙烯酰胺线性高分子聚合物施用后显著增加盐渍化土壤的持水能力；在盐渍生境中接种丛枝菌根真菌的植物相比不接种的植物生长更好，缓解盐胁迫对植物生长及光合特性的抑制作用。多种材料搭配能够更显著提高耕层土壤有机质、碱解氮、有效磷含量。总之，化学改良具有见效快、材料搭配灵活等特点，并且改良材料来源各种工业、农业废品可以缓解环境压力，实现区域生态循环，但功能单一、时间周期短，长期使用化学改良材料可能会有土壤环境安全隐患、地下水资源污染等问题。

四是生物措施。生物措施主要是通过在盐渍化土壤上直接或间接种植吸盐、耐盐、泌盐的植物，从而吸收土壤盐分，收割转移盐分，减少耕层蒸发，改善土壤结构。植物根系的呼吸作用及有机质的分解提高了根区的二氧化碳分压，向根区释放质子，从而增大碳酸钙的溶解率，为钠离子的置换提供钙离子源，其分泌的有机酸及植物残体经微生物分解产生的有机酸可中和土壤碱性。主要改良机理体现在植物的耐盐能力、植物根系生长改良土壤质量、植物“生物泵”收割除盐三个方面。除盐生植物外，蚯蚓或其他土壤微生物也可以改善盐渍化土壤。蚯蚓被称为“生态系统工程师”，在提高土壤肥力、促进土壤有机质分解与养分循环等方面有重要作用。蚯蚓活动能够增加有机物的分解和养分释放，同时使盐碱地土壤的团聚体结构、渗透率、微生物数量和活性得以恢复和改善。盐生植物主要分为假盐生植物、真盐生植物、泌盐盐生植物，具备特殊的盐分分泌机制或渗透调节机制，从而能在盐渍土壤中生长。①假盐生植物。假盐生植物是能够将盐离子积聚在薄壁的液泡和根系木质部组织中的植物，如芦苇、沙蒿等。芦苇，是禾本科芦苇属植物，在盐渍土壤上种植芦苇，其生长阶段通过根、茎、叶对土壤盐分不断地积聚，使土壤 pH 值降低，并且枯萎后不收割，可有效增加土壤有机质含量。此外，植被在不同盐分条件下，生理生态响应会有所差异，盐胁迫下河滩芦苇（低盐生境）的抗性比潮滩芦苇（高盐生境）低，潮滩芦苇比河滩芦苇更能通过调节离子平衡、渗透物质平衡、光合系统和抗氧化系统来适应盐胁迫，潮滩芦苇在抵御盐胁迫时，通过根部高效的排钠能力排出过多的钠离子。②真盐生植物。真盐生植物是能够将盐分积累在肉质化叶片、茎当中的植物，叶片肉质化是真盐生植物在盐生境能够生存的重要机制，如碱蓬、盐生草等。盐地碱蓬，又称翅碱蓬，是藜科碱蓬属植物，主要通过植物吸盐和改善土壤结构提高淋洗效率两方面降低土壤盐分含量。一方面由于盐地碱蓬是盐生植物，叶片较肉质化，使得植物细胞数量提高，体积扩大，能够储存大量水分，稀释叶片盐离子浓度，从而更多地吸收土壤中钠离子和氯离子含量。另一方面种植盐地碱蓬能够使土壤容重下降，提高土壤入渗率，提升淋洗盐分效率。盐生草，为黎科盐生草属植物，具有较强的聚盐性，植株内含大量盐分，通过在盐渍土壤上种植后收获，可有效治理盐碱地。③泌盐盐生植物。泌盐盐生植物是能够将自身叶、茎的盐离子分泌出体外的植物，这种独特的泌盐结构称为盐腺或盐囊泡，也是泌盐盐生植物最显著的特征之一。根据其泌盐方式可分为向外泌盐盐生植物和向内泌盐盐生植物。向外泌盐盐生植物通过盐腺将盐离子直接分泌到体外，向内泌盐盐生植物先将盐分贮存在盐囊泡中直至膨胀破裂后将盐分排出体外。四翅滨藜又名灰毛滨藜，典型泌盐盐生植物之一，原产地为美国中西部地区，从我国 1976 年引入种植以来，被广泛应用到治理盐碱地当中。四翅滨藜具有良好的耐盐、耐旱性，被称为“生物脱盐器”，已有研究表明四翅滨藜在土壤含盐量 15%条件下能维持正常生长，在含盐量 26%条件下仍能生存，在盐渍土壤种植四翅滨藜三年后，耕层土壤电导率大幅度下降。四翅滨藜对盐分的吸收分化能力，与土壤盐渍化程度成反比，这可能是由于抵御盐胁迫时存在盐离子浓度阈值，高于阈值时四翅滨藜的渗透调节机制表现出明显的拒盐能力，从而减少盐离子对其毒害的作用，维持体内离子动态平衡。盐生植物的耐盐基因对于植物能够在盐渍环境生存和抵御盐胁迫发挥重要作用。此外，随着对植物耐盐机理的研究不断深入，以及基因工程技术的发展使得耐盐基因克隆和表达也成为可能。

四、土壤贫瘠化

土壤贫瘠化是土壤环境以及土壤物理、化学和生物学性质变劣的综合表征，是土壤本身各种属性或生态环境因子不能相互协调、相互促进的结果，是脆弱生态环境的重要表现。

（一）土壤贫瘠化的概念

土壤贫瘠化是土壤退化的一种重要类型，是土壤环境以及土壤物理、化学和生物特性劣化的综合表征，如表现出有机质含量下降，营养元素亏缺，土壤结构破坏，土壤被侵蚀，土层变薄，土壤板结，土壤发生酸化、碱化、沙化等。在这些表征中，有机质含量的下降可以作为土壤退化的一项重要标志，其与土壤的许多属性是相关联的。土壤贫瘠化可分为显性贫瘠和隐性贫瘠。显性贫瘠可导致明显的退化结果，隐性贫瘠则是有些退化过程已经开始或进行了较长时间，但尚未导致明显的退化结果。土壤贫瘠化意味着土壤自身养分的容量及储存量减少、对作物的供应能力下降，并可能由此导致保水保肥能力下降，作物得不到正常的养分和水分供应，从而引起作物生长不良并导致严重减产，由此造成经济损失，并威胁粮食安全。

（二）土壤贫瘠化的成因及危害

土壤贫瘠化一方面是由于本身所处地域气候及地形环境造成，另一方面是人类对耕地的不合理利用导致。土壤贫瘠主要原因是土壤肥力不高，自然原因是土壤中水分不足、养分缺乏、空气少，如沙漠土缺少水分、南方酸性土黏重、缺少空气等，这可能是气候和地形导致。人为原因主要是不合理利用，或者过度农垦导致土壤肥力流失，如我国东北地区初垦的黑土，有机质含量在7%~10%，但开垦不到100年土壤有机质已下降到3%~4%，有的甚至仅2%左右。黄淮海地区的耕地中尚有大面积旱涝盐碱地未曾改良，过去为了提高产量，曾开展灌溉而未考虑排水条件，结果引起严重的次生盐渍化。南方地区森林被砍伐后，土壤有机质含量由5%~8%下降到1%~2%，土壤肥力明显减退。土壤贫瘠化现象在全国各地均有出现，且至今耕地土壤养分仍有较大一部分处于亏缺和不平衡状况，制约我国农业生产发展，从而可能影响粮食安全。

（三）土壤贫瘠化的治理措施

杨奇勇等基于GIS对土壤养分贫瘠化及其障碍因子进行评价分析，提出土壤贫瘠化治理措施。一是改土培肥，增强土壤抗逆性。二是以小流域为基本单元植树造林，绿化荒山。三是推行合理间套耕作制度。四是加强农田水利基本建设。徐仁扣等对我国农田土壤酸化现状和土壤酸化的主要危害进行分析，提出土壤酸化治理措施。一是控制二氧化硫、氧化亚氮等污染物的排放。二是施用生理碱性肥料代替化肥。三是增施有机肥，降低土壤pH值，稳定或提高土壤酸碱缓冲能力，降低交换性酸及铝含量，缓解土壤酸化。四是施用碳酸钙类肥料或化学改良剂。大量研究结果表明，土壤贫瘠化的治理主要采取增施有机肥、合理减施化肥、适时休耕、推广秸秆还田以及采用有机、无机复合改良技术等阻控土壤酸化，改良农田土壤，遏制土壤的持续贫瘠化，将土壤酸度维持稳定，提高土壤肥力。

五、土壤污染

污染物进入土壤后，会对土壤功能产生负面影响，甚至引起土壤环境恶化，使土地资源的作用难以发挥。土壤污染的隐蔽性特点十分显著，给治理工作带来较大困难，使工作人员难以在第一时间有效排查污染问题，给后续治理工作带来诸多阻碍。同时土壤污染也具有累加性，由于污染物在土壤中的迁移性较差，随着时间的推移，污染物含量和浓度也会随之增加，导致污染问题加剧。近年来，在人类活动逐渐增多的趋势下，土壤污染类型也更加丰富多样，比如农业污染型和水质污染型等，并且污染物成分也存在差异性。当土壤中氯元素和酸碱性元素含量增大时，会导致无机污染问题；当氰化物和石油类污染物增多时则会导致有机污染问题，此外还存在较多的重金属污染，包括汞元素、铅元素和锌元素污染等。

（一）土壤污染的概念

土壤污染指的就是由于某些土壤元素的超标，导致土壤的效力下降，对于农作物的生产起到了不良的影响，对人民群众的正常生活也产生了不良的影响。目前，所广泛使用的土壤污染的 3 类评价指标主要包括以下几个方面：一是采用土壤环境背景上限值的评价指标。在该类型的土壤污染评价过程中，主要是对土壤所能够承受的污染元素的总体含量进行考察，一旦土壤中的元素数值快要接近这个数值，就要对土壤的污染排放和元素摄入进行合理的控制，防止土壤污染的产生和加剧；二是采用土壤环境评价的相关国家指标参考，该指标主要指的是《土壤环境质量农用地土壤污染风险管控标准（试行）》（GB 15168）之中所谓土壤污染元素的含量的具体规定，一旦相应的土壤污染元素数值超出了该指标的具体规定，就需要对该土壤的实际污染情况进行深度的调查研究，防止土壤污染的情况的出现；三是采用土壤污染临界值的土壤污染的评价指标，该指标主要是对当地区域的土壤的质量进行深度分析，为土壤环境选择一个具体的污染临界值，一旦土壤中的污染元素超出了这个临界值，就需要对土壤的污染元素进行重点地整治处理，有效地防止土壤污染情况的出现。

（二）土壤污染的成因

一是农药对土壤的污染。在农业生产活动中会使用大量的农药，其中含有大量的有毒、有害物质，进入周围土壤后会引发不同程度的污染问题。部分农民的环境保护意识不强，为了起到良好的病虫害防治效果，采用大量具有强力杀伤作用的农药，这是土壤生态系统被破坏的主要原因。土壤的自净能力无法实现农药残留成分的快速降解，因此会长期存留在土壤当中，其调节和载体功能受到损害。如果土壤中含有大量的污染物，也会导致农作物对有害成分的吸收量增大，影响粮食安全，对人们的身体健康造成较大危害。

二是化肥对土壤的污染。化肥是保持土壤肥力的关键，特别是在作物的关键生长期，只有提供充足的营养物质，才能维持良好的生长状态，提高农作物的产量和品质。然而，当前磷肥和氮肥、钾肥等化学肥料的使用较为普遍，导致土壤当中氮、磷元素的浓度超标，引起氮、磷污染的问题。氮磷化合物的降解难度较大，因此会加剧土壤污染问题，如果没有采取有针对性的恢复和治理技术，会对土壤环境造成永久性破坏。在化肥使用量逐渐增多的趋势下，也会引发土壤的板结问题，使土壤性质发生改变，无法满足农作物的种植要求，造成土地资源的浪费。当地表径流增大时，容易使污染物的位置发生改变，一旦出现严重的水土流失，会导致污染的范围增大。

三是固体废弃物对土壤的污染。在工业生产过程中会产生大量的废弃物，尤其是我国近年来在工业领域的投入越来越大，但是却没有制定完善的标准体系和法律法规，导致乱排乱放问题十分严重。工业废弃物中含有大量的污染物质，尤其是重金属污染物较多，容易富集在土壤当中，导致土壤性质发生改变。重金属污染的危害性较大，而且无法通过天然植物和微生物等实现快速降解，治理成本也相对较高。在矿产行业中，矿山开采作业也会产生大量的废弃物，包括残渣和尾矿等，如果没有做好集中无害化处理和资源化处理，也会污染矿山的土壤环境。人口数量逐渐增多，生活垃圾的产出量也较多，加之居民的环境保护意识较差，存在随意丢弃垃圾的情况，造成垃圾渗滤液中的污染物渗透到土壤中，使土壤环境不容乐观。

四是灌溉水对土壤的污染。灌溉也是农业生产中的主要工作内容，可以为农作物补充所需的水分，维持农作物健康生长。但是，在工业生产过程中会产生较多的废水，部分企业为了降低处理成本，往往会直接排放到周围水环境当中，加剧水质污染问题。如果在农业灌溉中采用了受污染水体，则会在水源输送中引发土壤污染，这也是导致土壤污染范围扩大的主要原因。污水中不仅含有较多的氮、磷等元素，重金属元素的浓度也相对较高，容易对土壤生态系统造成不可逆的破坏。

五是大气沉降对土壤的污染。工业、金属冶炼等生产领域会产生较多的粉尘和有毒、有害气体，这些气体在一段时间后会沉降下来，进入到土壤当中，这也是引发环境污染事件的主要原因，而且随着降水量的增大，地表径流也会对土壤环境形成不同程度的破坏。特别是在重污染企业的附近区域内，大气沉降问题更加严重，周围土壤中污染物的含量明显超标，而且呈现出扩大化的趋势。此外，随着汽车数量的增加，导致尾气排放量增多，在大气沉降作用下，也会引发不同程度的土壤污染问题。

（三）土壤污染的危害

当耕地土壤中污染物的浓度增大时，部分污染物会被植物所吸收和富集，导致农作物的质量安全受到威胁。植物生长健康状况不佳，而且叶绿素含量也会随之下降，难以进行正常的光合作用，其生长抑制作用十分显著，造成农作物的减产，给农户造成损失。我国相关部门对粮食安全的重视程度越来越高，而土壤污染问题在很大程度上会威胁粮食安全，不利于我国社会的稳定发展。食物链是污染物质传递的主要途径，特别是很多重金属元素，比如铅、铜、砷等元素，它们在食物链中的传递会直接危害人们的身体健康。如果人体吸收较多的重金属元素会导致各类疾病，威胁呼吸系统、消化系统等人体器官，很多癌症也由此引发。土壤污染往往会引发不同程度的大气污染和水环境污染等，它们彼此之间存在着密切联系，当出现水环境污染时，也可能威胁人们的饮水安全。

（四）土壤污染的治理措施

一是物理修复措施。物理修复措施是土壤污染治理中的一种常用技术手段，具有简单易操作的特点，而且具有高效性的优势，因此应用十分广泛。①换土法。当某一区域内土壤污染物浓度较大时，可以采用换土法改善土壤环境，从而为农业生产和生活居住等创造良好条件。这种方法主要包括翻土法、客土法和去表层土法等，运用未受污染的土壤对被污染的土壤进行稀释或者替换，并做好对污染土壤的集中处理，以防止其对其他区域环境造成危害。当污染范围不大且污染物浓度较高时，可以采用该方法实施处理，该方法的适用性也较强，在多种土壤条件下都能有效应用，但是成本投入相对较高。②电动修复。主要是通过电极的插入促进电子迁移，从而对污染物实施集中处理。电动修复技术的成熟度较高，可以针对受污染区域实施定向处理，而且可以最大限度维护原有的土壤生态，防止造成严重的破坏，具有环保性，拓展了修复治理的广度。相较于其他方法而言，电动修复在整个修复过程中的操作并不复杂。但是，该方法的劣势也很明显，尤其是在插入电极进行修复的过程中需要消耗大量的电能。土壤本身的酸碱度也会对修复效果产生干扰，因此稳定性较差。在实践作业中，通常将电动修复技术和其他技术融合应用，以取得良好的治理成效。③热脱修复。针对可挥发性有机物的处理作用显著，热脱附作用能够使其快速挥发，以控制土壤当中污染物的浓度。在采用该技术时，工作人员需要合理控制加热温度，以确保污染物从固态向气态的快速转化，同时要做好集中收集和二次处理，防止直接排放而造成大气污染。比如氯化有机物污染是土壤中的主要污染物类型，可以采用该方法实施处理，其对于二噁英的控制作用十分显著。但是该方法也有一定的局限性，尤其是因为各类设备的成本较高，导致经济性较差，这是限制其推广应用的主要原因。

二是化学修复措施。化学修复的方式也可以控制土壤污染，达到修复土壤环境的目的，尤其是对于重金属污染物的控制作用显著，可以在沉淀作用、络合作用和氧化还原作用的综合作用下，降低污染物浓度。①化学淋洗。当重金属的浓度较大时，使用该方法的优势更加显著。重金属物质在溶液作用下能够转移到水中，因此可以实现对污染物质的集中处理，其适用于多种土壤条件，而且处理系统的可操作性更强，无论是在异位处理还是在原位处理中，都可以采用该方法实施修复。选择合适的淋洗剂类型是改善其应用效果的关键，淋洗剂类型包括螯合剂、表面活性剂、氧化剂和无机淋洗剂等，针对具体的污染类型和污染物浓度来选择性能适用的淋洗剂。②固化技术。选用特定的固化剂对土壤中的各类污染物质实施固化处理，进而控制污染物的浓度。通常与稳定化修复技术相结合，借助稳定剂能够保持污染物的稳定性，降低其迁移性，防止造成大面积的污染问题。但污染物的赋存状态是影响固化技术和稳定化技术应用效果的主要因素，也存在一定的二次污染风险和安全风险。

三是生物修复措施。最常用的是植物修复技术，其对于各类污染物的吸收和过滤效果较好，比如石油类污染物、重金属污染物和农药等，可以维持土壤环境的良好功能。相较于其他处理技术而言，植物修复技术的成本相对更低，而且具有环保性，符合当前绿色发展的要求。如果土壤中的铅元素含量较高，则可以采用香根草和羽叶鬼针草等实施处理；如果土壤当中的锌元素含量较高，则可以采用芜菁和芸苔等实施处理。该技术的主要局限性在于治理周期相对较长。除了可以利用植物实施修复外，还可以发挥微生物的作用，对土壤中的污染物实施降解，微生物尤其对于石油类污染物的控制作用显著，其在代谢作用下能够将大分子污染物转化为无毒、无害的小分子物质，产物中包含了大量的水和二氧化碳等物质，不会对环境造成二次破坏；对于土壤中的锌污染、镉污染和铅污染，可以采用黑曲霉发酵液进行治理。通常情况下，可以将植物修复的方式和微生物修复的方式结合在一起，微生物可以将植物的分泌物作为营养物质，从而维持良好的活性，同时改善土壤状况。

第七章　土壤健康的培育与实践

一、适用于南方的土壤健康培育关键技术

（一）酸化稻田降酸增产技术

杭州市临安区农林技术推广中心、浙江农林大学、丽水学院等单位针对南方黄、红壤发育的水稻土“酸、瘦、板、粘”等特性，以及化肥过量施用引起的土壤酸化、有机质含量与作物生产力下降等问题，在农闲期开展土壤酸化治理，稳步提高土壤 pH 值、降低土壤潜性酸、提升土壤缓冲容量，提高肥料利用率，促进作物增产稳产。应用该技术后土壤 pH 值提高 0.5 以上，化肥减施 10%以上，水稻增产 10%以上。该技术已在杭州市临安区稻田示范推广 1 万亩以上，取得了良好的示范应用效果。

稻田硝化速率快，形成的硝酸盐极易淋洗，加之水稻对铵态氮的吸收，极易造成土壤酸化。酸性稻田土壤的治理以降酸扩容为目标，施用碱性物料（矿物源与有机源调理剂）并结合化肥定额制，适度采用有机肥替代措施，降低土壤潜性酸，提高土壤阳离子交换能力和盐基饱和度，提高土壤酸缓冲容量。主要操作要点如下：

（1）土壤调理剂施用

水稻种植前一周施用石灰质材料或矿物源、有机源调理剂（60~120kg/亩），配合施用一定量（300kg/亩以上）的有机肥。调理剂应与土壤充分混匀、搁置 5~7 天后再行农事操作。

（2）合理施肥

根据化肥定额制推荐用量，合理控制肥料投入，化肥总养分投入不高于 26kg/亩，多采用缓释性肥料，在水稻生长的分蘖期至齐穗期分次撒施，提高肥料利用率。

（3）提高土壤健康水平

配合冬绿肥还田、增施有机肥、秸秆还田等有机替代培肥措施，提高土壤有机质含量，改善土壤理化性状，提高土壤酸碱缓冲容量。

注意：调理剂应与土壤充分混匀；避免化肥与石灰质或调理剂同时施用，施用调理剂 5~7 天后再进行施肥与播种。

图 7-1　酸性稻田土壤调酸增产技术试验

图 7-2　酸性稻田土壤调理剂机械撒施

图 7-3　酸性稻田物料翻耕打田

图 7-4　酸性稻田土壤调酸增产技术田间筛选试验

（二）果园土壤酸化防治技术

南方地区果园土壤酸化趋势严重，降低了养分有效性、破坏了土壤结构，易激活重金属活性，引发农产品质量安全问题。浦江县农业技术推广中心、浙江省农业科学院等单位通过矿物源腐植酸与碱性物料合理配比施用，不仅可以提高土壤 pH 值、增加有机质含量、改善团聚体结构，还能促进磷素活化和重金属钝化。应用该技术可减施化肥 10%以上，土壤 pH 值提高 0.2，产量增加 15%以上，水果品质也有较大改善。该技术已在我省葡萄基地示范推广 1 万亩以上，取得了良好的示范应用效果。

矿物源腐植酸与碱性物料合理配比施用可提高土壤 pH 值，提高土壤稳定性有机质含量，进而增加水果产量、改善产品风味，达到增产提质作用。主要操作要点如下：

根据酸化程度，将 100~300kg/亩含腐植酸土壤调剂均匀地撒在土壤表面，采用旋耕机将调理剂与土壤混匀，翻耕深度为 15~20cm。调理剂应与土壤充分混匀、搁置 5~7 天后再行农事操作。

注意：调理剂应在土壤翻耕前施用，根据土壤酸化程度，将适宜量土壤调理剂均匀撒施土壤表面后进行翻耕；酸性红黄壤改良过程中，避免化肥与碱性土壤调理剂或钙镁磷肥等碱性肥料同时施用。

图 7-5　葡萄园土壤酸化防治技术

图 7-6　葡萄园机械翻耕技术

图 7-7　葡萄园土壤调理降酸技术

（三）镉污染耕地水稻安全利用技术

浙江大学、浙江省耕地质量与肥料管理总站、温岭市植保耕肥能源总站、丽水学院等单位针对我国南方酸性土壤且受轻中度镉等重金属污染的耕地区域，通过在水稻生长季进行镉污染耕地安全利用，在短时间内提高土壤pH值、降低土壤有效镉含量、减少水稻籽粒镉含量，有效防控镉污染造成的水稻籽粒镉等重金属超标问题。应用该技术后，可提高土壤pH值0.5以上，降低土壤有效镉达40%以上，水稻籽粒合格率达到90%以上，产量增加10%以上。该技术已在温岭等地水稻上示范推广1万亩以上，取得了良好的示范应用效果。

该技术主要基于土壤调酸减活、水稻达标生产的安全利用技术，是一种采用低累积品种、土壤调理、叶面阻控与水肥调控综合措施的安全利用技术，从改善土壤生态环境出发，降低土壤镉活性，有效防控水稻重金属超标，保障水稻质量安全。主要操作要点如下（图7-8至图7-11）。

（1）选用适合当地种植的低镉水稻品种

针对轻中度受镉污染稻田，选用甬优538、甬优1540、秀水519、秀水14、嘉58等低累积水稻品种进行示范推广种植。

（2）土壤调理剂与土壤均匀混合

针对中度受镉污染稻田，在低累积品种种植的基础上，再施用土壤调理剂，在水稻种植移栽前7~10天，利用拖拉机或旋耕机等农机具，通过加挂漏斗的方式进行机械化施用土壤调理剂，施用后进行充分匀田，使得材料与土壤充分混匀。针对酸性土壤，宜选择含钙、镁和硅等成分的土壤调理剂，土壤调理剂施用量根据土壤理化性质和镉污染程度确定。

（3）叶面阻控

在水稻分蘖末期、孕穗期和灌浆期等控镉关键时期，选择晴朗天气16:00左右且未来几天都是晴天的条件下喷施含硅、锌和硒等叶面肥2~3次，每次施用间隔7~10天，具体施用量参照叶面肥使用说明。

（4）水分管理

采取常规田间水分管理基础上增加水稻抽穗期—蜡熟期保持田面水层约3~5cm，直到完熟期后再开始排水；尽量推迟成熟期的稻田排水时间到稻谷收获前10~15天。特别对于水稻种植前期没有采取相应安全利用措施的区域，后期可以通过强化水分调控措施来弥补。

（5）肥料施用

根据水稻测土配方施肥技术要求确定化肥施用量和氮磷钾配比，在肥料品种的选择上应优先选用碱性肥料，磷肥推荐施用钙镁磷肥，并配合施用有机肥，有机肥推荐施用量可根据土壤地力状况选择200~500kg/亩。

（6）水稻秸秆处理

水稻收割后应回收秸秆并采取异地安全处置。

注意：推荐施用的土壤调理剂，建议机械施用，施用过程中做好安全防护；在水源充足时保证土壤淹水的深度，在水源不足的地区在保证淹水的条件下，可以适当降低淹水的深度，并且推迟成熟期的稻田排水时间。

图7-8　镉污染原位钝化技术

图7-9　旱地作物高低风险作物筛选

图 7-10　叶面阻控剂无人机喷施技术

图 7-11　镉低积累水稻品种筛选

（四）轻中度汞污染耕地水稻安全利用技术

浙江大学、宁波市江北区农技推广服务站等单位针对水稻生产过程中由于土壤总汞和甲基汞污染导致的水稻籽粒汞超标问题，通过低积累水稻品种选育、水稻种植前和水稻生育期进行生态强化修复，在短时间内提高土壤pH值，降低汞在水稻籽粒的积累；施加叶面阻控材料（亚硒酸钠），与汞发生拮抗作用，降低无机汞的甲基化速率；采用适宜的农艺管理措施（如减少淹水天数，控制上覆水水位高度等），调控汞甲基化微生物的生存环境，降低微生物丰度和活性，多技术联合使用有效保障土壤免受甲基汞污染和水稻的安全生产。应用上述技术后，水稻籽粒总汞含量下降23%左右，符合食品安全国家标准（0.02 mg/kg，GB 2762—2017）。该技术已在我省宁波市江北区等地的水稻种植基地示范推广种植1 000亩以上，取得了良好的示范应用效果（图7-12至图7-15）。

（1）低积累水稻品种选择

收集适合当地种植习惯的水稻品种，在污染土壤安全利用区通过小区试验、大田验证、示范区推广，按照水稻富集系数、转运系数小于1，产量下降幅度不大于10%的标准，针对轻中度汞污染土壤推荐使用宁84、宁88、浙粳96、南粳46和南粳5055。

（2）耕地深翻

根据土壤污染特征，采取不同的翻耕措施，对于土壤表层汞污染和适宜深耕的安全利用区建议使用大功率履带式拖拉机翻耕机进行耕作层深翻耕犁田处理，翻转犁的入土深度稳定控制在30cm，深翻耕时，土壤应处于湿润状态，如田面渍水，耕作前两天应排除渍水，使土壤保持湿润。根据田块大小和形状设计翻耕路线，宜采用环形路线，耕作时保持拖拉机行走平稳。但对于底层污染程度高于表层的土壤不宜深翻。

（3）土壤调理

针对酸性土壤，宜选择含钙、镁和硅等成分的碱性土壤调理剂，土壤调理剂施用量根据土壤理化性质、污染程度和种植的水稻品种等确定；针对轻中度汞污染土壤推荐施用低剂量的低剂量的铁基生物炭50kg/亩；在水稻种植移栽前7~10天，利用拖拉机或旋耕机等农机具，通过加挂漏斗的方式进行机械化施用；土壤调理剂施用后进行充分匀田，使得材料与土壤充分混匀。

（4）叶面阻控

分别在水稻分蘖盛期至拔节期间、孕穗期和灌浆期等控汞关键时期，选择晴朗天气 16: 00 左右且未来几天都是晴天的条件下喷施含硒等叶面阻控材料 2~3 次，每次施用间隔 7~10 天，具体施用量参照叶面肥使用说明。对于轻中度汞污染耕地土壤，推荐施用亚硒酸钠，喷施浓度为 5 mg/L。

（5）水分管理

针对轻中度汞污染土壤选择在水稻生育期进行干湿交替处理；并且尽量延长晒田时间；水稻成熟期的稻田排水时间可为稻谷收获前 10~15 天。

（6）平衡施肥

根据水稻测土配方施肥技术要求确定化肥施用量和氮磷钾配比，在肥料品种的选择上应优先选用碱性肥料，磷肥推荐施用钙镁磷肥，并配合施用有机肥，有机肥推荐施用量可根据土壤地力状况选择 200~500kg/亩。

注意：汞污染稻田在抽穗期后不宜采用浅湿灌溉的水肥管理模式，在不影响水稻产量的前提下，适当延长晒田的时间，降低汞甲基化风险。保证清洁无汞污染的灌溉水源，田块应设置合理的出水和排水口。针对不同等级的稻田汞污染风险区域，应适当调整上述技术的使用时间或用量。

图 7-12　轻中度汞污染耕地水稻安全利用技术

图 7-13　轻中度汞污染稻田土壤钝化处理技术

图 7-14　轻中度汞污染耕地水稻叶面阻控技术

图 7-15　水稻种植基地示范稻田

（五）稻田土壤耕作层快速熟化技术

中国水稻研究所、浙江省耕地质量与肥料管理总站等单位针对新垦耕地物理性状差、养分含量低和生物活性弱等生产问题，通过水稻与绿肥轮作，配合施用土壤结构调理剂及秸秆与绿肥还田技术建立良好耕层结构，采用木本泥炭、生物有机肥与腐植酸肥料共同施用技术快速提升土壤肥力水平、调控土壤生物功能，配合绿色高效定额施肥技术、养分高效利用水稻种植技术调控土壤养分均衡性，改善土壤养分状况，形成“养分扩容—提质增效”的“双效驱动”技术模式。应用该技术后，可使土壤容重降低 14%，大于 0. 25 mm 水稳定性团聚体含量提升至 30%以上，土壤有机质提升 5g/kg 以上。该技术已在金华、杭州、嘉兴等地示范推广 2 万亩以上，取得了良好的示范应用效果。

该技术主要基于稻绿轮作、配合有机物料施用以及绿色高效化肥定额技术，改善耕层土壤结构，提升土壤肥力水平，提高土壤生物功能，进而提升土壤健康等级。主要技术要点如下（图 7-16 至图 7-19）。

（1）秸秆深翻还田

水稻收获后，绿肥种植前适当采用旋耕机将耕层土壤旋耕疏松破碎成细小颗粒，深翻（以 18~25cm 为宜），同时打破土壤表面板结层，增加土壤通透性，结合水稻秸秆翻压促进土壤熟化。水稻种植前翻耕深度控制在 15~18cm，不宜过深打破犁底层，结合绿肥还田，浅翻多耙。

（2）木本泥炭、生物有机肥与腐植酸肥料配合施用

在插秧前 2~3 天，将 800kg/亩木本泥炭、500kg/亩有机肥以及 100kg/亩腐植酸类肥料均匀撒施在土壤表面，采用旋耕机，并使调理剂与土壤混合均匀。注意田间水面高度，避免随水流失。

（3）绿色高效定额施肥技术

总养分投入量与氮肥投入量参考浙江省化肥定额施用标准，结合水稻机插侧深施肥技术、无人机施肥技术等实现肥料减施增效。

注意：水稻秧苗返青后采取浅灌、经常露田和轻度晒田的方法，促进土壤水、肥、气、热的协调。

图 7-16　秸秆深翻还田技术

图 7-17　水稻侧深施肥技术

图 7-18　绿肥翻耕还田技术

图 7-19　有机物料撒施技术

（六）中低产田障碍因子消减及地力提升技术

浙江省中低产田存在着土壤酸化或盐渍化、耕层浅薄、肥力低下、微生物区系失衡等主要问题，浙江省农业科学院、浙江科技学院等单位通过作物秸秆还田深埋、冬季麦与绿肥间作、生物质炭配施有机肥、土壤扩库增蓄技术等，以消减土壤障碍因子，提高土壤有机质含量，构建疏松而深厚的耕作层，增加土壤库容；通过施用土壤调理剂，阻控土壤酸化和盐渍化，改善土壤结构，协调土壤微生物功能，提高土壤保水保肥能力，从而使中低产田快速培育成为健康优质的耕地。通过实施该项技术，耕作层厚度增加至 20cm 以上，耕作层土壤有机质含量增加 1. 2g/kg 以上，水稻增产 12%以上。该技术已在浙江省示范、推广和应用 250 多万亩，取得了良好的社会经济和生态效益。

该技术构建了麦+紫云英—稻轮作系统和以土壤深翻耕 15~20cm 结合有机物料深翻还田为核心的土壤扩库增蓄技术体系，包括麦+紫云英—稻间作轮作、生物质炭和有机肥配施、作物秸秆和绿肥深翻还田、秸秆配合有机肥深翻还田和使用土壤调理剂等技术，增加耕层厚度和土壤有机质含量，消除土壤障碍因子，阻控土壤酸化和盐渍化，促进土壤中大团聚体的形成，改善土壤结构，增加了耕层土壤养分和水分库容，创建健康优质的土壤。主要操作要点如下（图 7-20 至图 7-23）。

（1）秸秆还田

作物收获时，秸秆割留茬高度小于 15cm，秸秆切碎为长度小于 10cm，切碎秸秆均匀地抛撒在田面上；配施有机肥料，有机肥施用量为 100～135kg/亩，抛撒有机肥于田面。

（2）调理剂阻控土壤酸化和盐渍化

在红壤地区，水稻种植翻耕前使用石灰类和腐殖质类等调理剂，如石灰石粉和腐植酸，石灰石粉用量为 100～200kg/亩，粒径为 40～80 目；腐植酸用量为 100～135kg/亩，粒径为 40～80 目，抛撒石灰石粉和腐植酸于田面。在滨海盐土地区，水稻种植翻耕前使用石膏类和腐殖质类等调理剂，如磷石膏和腐植酸，磷石膏用量为 200～300kg/亩，粒径为 40～80 目；腐植酸用量为 100～135kg/亩，粒径为 40～80 目，抛撒磷石膏和腐植酸于田面。

（3）生物质炭配施有机肥

酸性稻田土壤可选 1 500 kg/亩生物质炭—有机肥（生物质炭 20%和有机肥 80%）；针对碱性低磷的玉米种植土壤，可选 1 000 kg/亩生物质炭—有机肥（生物质炭 10%和有机肥 90%）。造粒的生物质炭—有机肥可机械撒施，未造粒的生物质炭—有机肥可以人工撒施。要求均匀地撒入土壤表面，选用旋耕机进行翻耕、混匀。生物质炭和有机肥应在作物种植前 10～15 天施用，施用后应关注雨水天气，防止生物质炭和有机肥随水流失。

（4）耕层扩库增蓄

作物收获后秸秆还田，翻耕，耕深大于 20cm，使田面上秸秆和土壤调理剂翻入 15～20cm 土层；在田面抛撒基肥，旋耕，耕深大于 15cm。

（5）作物种植

在小麦+紫云英—水稻种植模式中，在 11 月上旬水稻收获后，水稻秸秆粉碎还田，抛撒有机肥 100kg/亩、石灰石粉 100kg/亩（酸化土壤）、磷石膏 200kg/亩（滨海盐土）和腐植酸 100kg/亩，旋耕，耕深≥15cm，起畦，采用窄行距 20cm ，宽行距 40cm 播种，在窄行 20cm 内播种 2 行小麦，播种量为 12. 5～15kg/亩，播种深度 3～5cm；在宽行 40cm 内播种紫云英，播种量为 2. 5～3kg/亩，越冬时，紫云英施磷肥 27～30kg/亩；小麦拔节期施尿素，田间管理与常规种植相同。

在小麦收获后，插秧前 10～15 天，压青紫云英，紫云英鲜草 1 500～

3 500 kg/亩，撒施有机肥 100kg/亩、水稻专用复合肥 50kg/亩，石灰石粉 200kg/亩（酸化土壤）、磷石膏 300kg/亩（滨海盐土）和腐植酸 135kg/亩，翻压入土，泡田，搅浆，搅浆深度大于 15cm，沉降 1~2 天，插秧，水稻的施肥、田间管理与常规种植相同。

注意：一年二熟种植制或种植超级稻时，全量还田的农田秸秆 4~5 年离田 1 次，土壤调理剂 2~3 年使用 1 次；生物质炭尽量选择秸秆类原料，如选其他废弃物原料应考虑重金属等含量；生物质炭的制备温度在 400~700℃，以 500~600℃为主；有机肥应进行彻底腐熟化，且腐熟化产品应符合有机肥标准；针对喜酸作物，应注意调整生物质炭的施用量。

图 7-20　土壤调理剂旋耕还田技术

图 7-21　小麦与紫云英间作技术

图 7-22　秸秆粉碎还田技术

图 7-23　耕层扩库深翻耕技术

（七）新垦耕地土壤快速培肥改良技术

新垦耕地存在土壤肥力差、生产力低等突出问题，导致种植效益差，农民种植意愿不强，对保障粮食安全和区域经济高效可持续发展构成巨大的挑战。浙江省农业科学院、浙江省耕地质量与肥料管理总站、丽水市土肥植保能源总站等单位以加速土壤熟化为切入点，根据培肥目标，构建安全、快速、高效、稳定的新垦耕地肥力提升技术，快速且稳定提升土壤有机质，改善土壤结构，构建良好耕层。应用该技术后，土壤有机质含量显著提高。新垦耕地中作物产量平均增加 50% 以上。该技术已在我省水稻、玉米基地示范推广 5 000 亩以上，取得了良好的示范应用效果。

该技术主要基于土壤有机碳库、养分扩容和合理耕层构建技术，通过施入腐植酸肥料、有机肥料、微生物肥料等有机物料增加耕层土壤有机质含量，采用测土配方施肥，提高养分库容，达到改善土壤理化和生物学性质，进而培肥改良的目的（图 7-24 至图 7-26）。

（1）土壤主要性状快速改良

丘陵山地地区新垦耕地主要土壤类型为红黄壤，普遍存在“酸、黏、瘦”等特点，通过客土或施用大量有机物来改善土壤质地，解决黏重、易板结等问题；新围垦海涂区盐土通过淡水或工程洗盐，降低盐分的危害。

一是快速提高土壤有机质，改善土壤结构、增加微生物活性和多样性。通过合理施入腐植酸肥料、经完全腐熟的有机肥、微生物肥料等有机质含量高的肥料，增加耕层土壤有机质含量，达到改善土壤理化和生物学性质，进而培肥改良的目的。根据土壤基础肥力状况、培肥目标和有机物料的养分含量、矿化速率来确定各种有机肥料投入量。

二是合理调节土壤酸碱性。酸性土壤通过施用石灰、白云石粉等碱性调理剂，碱性土壤通过施用石膏、磷石膏等改善土壤酸碱性，促进土壤团粒结构形成。

三是遵循测土配方施肥原理，根据作物产量水平和土壤肥力状况，确定作物对各种养分需要量，推算各养分肥料理论施用量，减去有机肥提供的部分养分，明确肥料中各养分配比和施用量。

（2）冬闲季绿肥培肥

水稻等作物收获后秸秆全量还田，结合施用适量有机肥和化肥，轮作紫云英、黑麦草等绿肥，第二年水稻种植前 1 个月全草还田。冬闲季轮作绿肥可以固定土壤，保持土壤水分和养分，减少水土肥流失；同时提高土壤有机物累积总量与土壤生物活性，促进新垦耕地土壤熟化。

注意：南方丘陵山地一般为红黄壤，呈酸性，钙、镁、锌等盐基离子比较缺乏，应注重施用钙镁磷肥，中微量元素等肥料。海涂土壤中钾含量高，氮磷低，肥料施用适宜少量多次，以氮磷肥为主。

图 7-24　新垦耕地土壤快速培肥改良技术

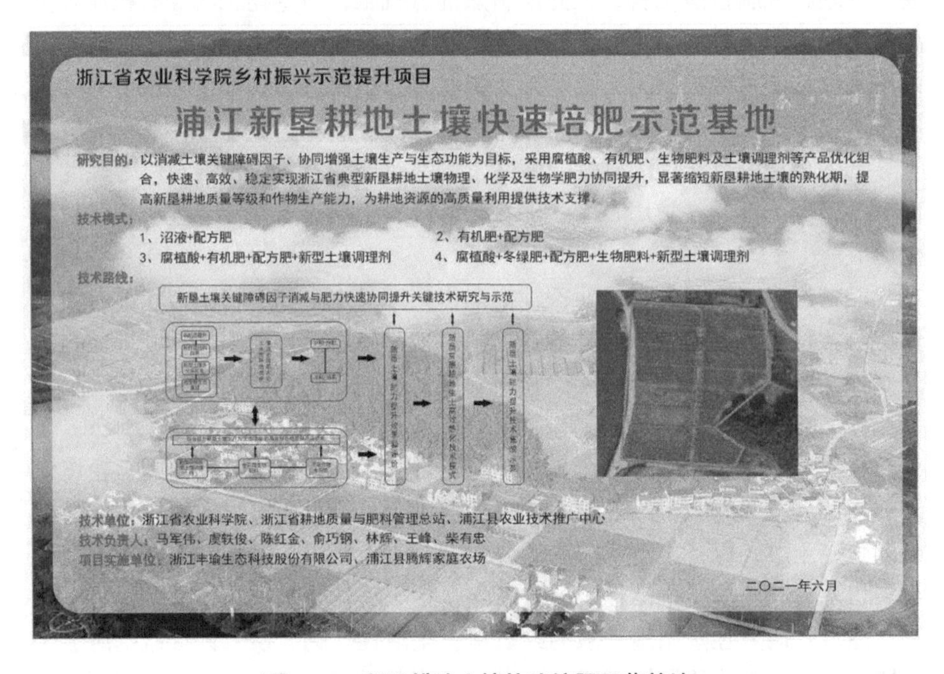

图 7-25　新垦耕地土壤快速培肥示范基地

图 7-26　新垦耕地土壤培肥前后小麦生长状况对比

（八）柑橘健康土壤评价与培育技术

长期不合理施肥和不科学管理，导致橘园土壤不同程度退化，产生了土壤酸化、土壤盐基饱和度持续下降、土壤氮磷钾超负荷累积、养分不平衡加剧、养分流失风险增加等土壤障碍。针对其健康评价指标体系缺乏的现状，柯城区美丽乡村建设中心、浙江农林大学等单位根据柑橘生长和管理特性，结合柑橘的核心品质评价指标，确定主要柑橘品种对应的健康土壤评价关键指标，建立柑橘园土壤障碍因子精准识别、关键评价指标以及健康评价技术体系，为柑橘健康土壤培育提供技术支撑，形成了一套柑橘健康土壤评价与培育技术。

针对不同主体及种植模式在柑橘园采集多点混合成一个代表性样品，结合柑橘品种、土壤类型，以及生长特性，综合考虑土壤健康指标的选取，主要获取物理、化学、生物、作物安全品质、生态等评价指标，用于后期数据采集与评价体系构建。针对柑橘土壤酸化、养分失衡、中微量元素失调等现象，以调酸和测土配方施肥技术为主，同时辅以扩容有机质等手段，建立配方式精准施肥技术，优化施肥方式。针对柑橘园杂草控制难，优化林下植物空间配置技术，推广以绿肥、豆科作物等种植配套的以草控草技术。针对养分利用率和柑橘病虫害防控，开展双砧木应用推广，提高养分利用率，减少农药施用（图 7-29 和图 7-30）。

（1）评价指标选取

土壤物理指标有土壤机械组成、团聚体稳定性、田间持水量、容重、含水率等；土壤化学指标有土壤有机质、土壤酸碱性（pH）、电导率（EC）、阳离子交换能力（CEC）、重金属含量（铜、锌、镉、铬、砷）、土壤氮、磷、钾养分、中微量元素（钙、镁、铁、锰、硼）等；土壤生物指标有胞外酶活性、微生物量、土壤呼吸、易氧化态碳、球囊霉素、微生物群落、多样性、蚯蚓数量等；作物安全品质指标有重金属含量（铜、锌、镉、铬、砷）、中微量元素等；生态指标：碳足迹、氮利用率等。

（2）以草控草

种植大豆、二月兰、白三叶、紫花苜蓿等豆科作物，达到以草控草，同时提高土壤养分有效性和防控虫害。

（3）双砧木嫁接

对柑橘进行双砧木嫁接，提高柑橘对土壤养分利用效率，同时提高柑橘产量和品质。

（4）调酸扩容

施用贝壳粉有机肥或碱性商品有机肥（2~3t/亩），调酸同时增加中微量元素投入。绿肥翻入土壤，优化土壤结构，提高土壤有机质和团聚体稳定性。

（5）肥料施用管理

合理控制肥料投入量，根据土壤有效养分含量以及柑橘需肥特性，施用柑橘专用配方肥 50~100kg/亩；利用钻孔施肥技术及装备，以及配套肥料品种，提高肥料利用率；施用 500kg/亩蚓多肽复酶有机肥和 50kg/亩蚓多肽复酶复合肥（16—8—16），激发柑橘促生菌，调控土壤微生物功能。

（6）低碳管理

对柑橘生产进行全环节调研，明确各环节碳足迹，确定不同生产管理模式柑橘生产的碳足迹，瞄准低碳农业目标对生产环节进行优化，建设低碳柑橘产业。

注意：评价指标选取要结合柑橘生长特性，针对土壤理化性状，柑橘品种等，开展较为全面土壤健康评价；以草控草要选用豆科品种，种植季节一般在 11 月份；微量元素施用一定要注意用量，防止用量过大，造成毒害。

图 7-27　橘园有机肥调酸扩容技术

图 7-28　橘园以草控草技术

图 7-29　橘园施肥调控技术

图 7-30　橘园健康土壤培育示范基地

（九）水稻田生物质炭基微生物肥增效技术

长期过量施用化肥不仅使农产品的品质下降，更严重是可能会产生环境污染问题。微生物菌肥是一种环境友好型肥料，可以通过固定大气中的氮气，溶解固态磷和产生植物促生物质来改良土壤肥力性质。微生物菌肥的最大问题是难以在具有丰富背景微生物的土壤环境定殖并发挥功能。浙江大学利用低温竹炭（生物质炭）作为吲哚乙酸（IAA）产生菌的负载材料，将菌株负载到生物质炭上，制备生物质炭基微生物肥，提高菌株的IAA产量，延长菌株的存活时间。应用该技术后，显著延长促生菌的发挥功能的时间，同时显著提高菌株合成IAA的量，14天后IAA的浓度仍旧提高20倍，对水稻地上、地下生物量增加1倍以上，具有良好的增肥提效作用。

该技术是一种采用生物质与微生物联合强化作用的生态处理技术，从改善土壤生态环境出发，延长促生菌的发挥功能的时间，增加水稻生物量，达到促肥增效的作用。主要操作要点如下。

（1）生物质材料的选择

生物质炭来源广、制备过程简单，生产成本低，使用方便，负载效果好，便于推广应用。通过对秸秆类（如玉米秸秆、水稻秸秆、竹子等）、壳谷类（如椰壳、稻壳、花生壳等）、木材类（如松木等）、有机肥（如猪粪、鸡粪、牛粪等）生物质炭的比较，发现低温（300℃）制备的竹炭和松木炭具有最好的负载效果。

（2）促生菌在生物质炭上的负载

促生菌经活化、扩大培养后，按照载体和菌株的质量/体积比为3：100（*W/V*）进行负载，37℃恒温震摇7t以达到最大的负载量。

（3）生物肥与土壤均匀混合

针对贫瘠稻田土壤，生物肥的添加量按照肥料：土壤质量比为1‰（生物肥质量基于生物质炭）的比例添加，然后将修复剂与土壤混合均匀。

注意：处理应随水稻种植期间进行，温度在25~35℃效果会更好，生物质炭基微生物肥的施用时间需要根据田间管理措施进行适当调整。

（十）基于微生态平衡的健康土壤调控技术

基于微生态平衡的耕地土壤健康调控技术针对耕地土壤病原菌和有益菌比例失衡、有机质和矿物元素含量缺乏、养分因子比例失衡、土壤酸碱化等问题，湖州师范学院、浙江农林大学等单位利用乳酸复合菌液进行土壤微生态健康调控，在短时间内补充土壤可溶性有机质和矿物元素、平衡土壤养分、调节土壤酸碱度、补充和激活土壤益生菌、杀灭土壤中病原菌，显著促进土壤健康，有利于农作物健康生长。应用该技术后，可减施化肥30%以上，土传病害发病率减少90%以上，化学农药使用量减少50%以上，产量增加10%以上。该技术已在草莓、小番茄和西瓜等多种作物上示范推广1万亩以上，取得了显著的示范应用效果（图 7-31 至图 7-35）。

（1）耕地土壤精准诊断

对耕地土壤病原菌、pH 值、有机质、可溶性有机质、氮磷钾、中微量元素等进行精准测定，分析土壤健康状态。

（2）土壤土著乳酸菌菌种选育

采用定向富集技术，从土壤中分离出农用乳酸菌，以该菌为出发菌株，采用 ARTP 诱变等技术手段，获得能够拮抗待调控土壤中所有病原菌的目标乳酸菌。

（3）乳酸复合菌液定制

将乳酸菌进行发酵生产，按需添加矿物元素、养分等，对乳酸菌液进行酸碱度调节、养分和矿物元素补充，生产出符合土壤健康调控的农用乳酸复合菌液。

（4）乳酸复合菌液施用

根据土壤健康状态，每亩施用 10~40kg，稀释 50 倍以上，具体稀释倍数可根据实际用水需求量确定，与土壤充分混匀。

（5）土壤健康指标监测

施用 15 天后，对土壤 pH 值、有机质、可溶性有机质，病原菌和有益菌、土壤酶活等健康指标进行监测。

注意：乳酸复合菌液需保存在阴暗处，不能暴晒；在农作物定植前使用，要与土壤充分混匀。

图 7-31　生物质炭基肥田间试验

图 7-32　生物质炭基肥促生效果图

图 7-33　微生物发酵生产工艺

图 7-34　乳酸复合菌液滴灌改良障碍土壤

7-35　叶面喷施乳酸复合菌液提升茶叶品质

二、土壤健康行动的浙江实践

近年来，浙江省以习近平生态文明思想为指引，深入贯彻落实“农田就是农田，而且必须是良田”的重要指示精神和中央相关决策部署，创新致胜、变革重塑，在全国率先启动“土壤健康”行动，开展项目试点、集成技术模式、打造示范基地、强化推广应用，推动土壤健康行动迈出坚实一步。主要做法有以下几点。

（1）创新工作载体，绘就耕地质量建设“一张蓝图”

深入贯彻新发展理念，聚焦土壤酸化、养分失衡、土壤板结等耕地质量突出问题，创新工作载体，在全国率先启动“土壤健康”行动，并会同省财政厅等5部门联合印发“土壤健康行动实施意见”，绘就了耕地质量建设“一张蓝图”，明确今后一个时期耕地质量建设总体目标、重点工作和推进机制。土壤健康行动实施意见是继欧盟2021年发布土壤健康战略以来、国内唯一出台的省级土壤健康行动计划，得到了农业农村部的充分肯定，张佳宝、朱永官等院士组成的专家团队在评估报告中指出，《意见》的实施将领跑全国，必将提升土壤健康水平，夯实高质量发展基础，必将成为我国土壤健康管理的标志性成果。

（2）落实要素保障，构建土壤健康行动“四梁八柱”

找准创新突破口和工作着力点，逐步落实资金、人才、科技等保障要素，构建土壤健康行动的“四梁八柱”。一是落实资金保障。积极争取财政部门支持，落实土壤健康行动专项资金，重点开展土壤健康培育和障碍土壤治理。二是成立专家智库。联合科研高校成立土壤健康技术战略联盟，开展关键核心技术研发及示范推广，为土壤健康行动的落地提供人才保障。三是开展科技攻关。结合“非粮化”整治耕地土壤健康培育需求，争取科技厅支持设立“非粮化”耕地整治利用重大科技研发计划，开展核心技术的协同攻关。

（3）推动机制重塑，贡献耕地质量提升“浙江智慧”

突破传统耕地质量提升工作机制，建立全方位的土壤健康管理新格局。一是试点先行。创建土壤健康试点县、受污染耕地安全利用示范县、酸化耕地治理项目县，开展土壤健康培育技术集成与示范推广，以点带面辐射带动全省开展土壤健康培育工作；二是科技赋能。开展土壤健康培育关键技术协同攻关，建立土壤健康指标体系，遴选发布土壤健康培育关键技术，为土壤健康培育的实施提供技术支撑；三是典型引领。开拓建立土壤健康培育示范基地，树立一批用地养地的典型案例，引领农业经营主体开展土壤健康培育工作；四是政策激励。在桐乡市开展耕地地力保险试点，探索财政部分保障、金融重点倾斜、社会积极参与的多元投入格局。

参考文献

阿拉萨，高广磊，丁国栋，等，2022. 土壤微生物膜生理生态功能研究进展［J］. 应用生态学报，33（7）：1885-1892.

蔡晨，李谷，朱建强，等，2009. 稻虾轮作模式下江汉平原土壤理化性状特征研究［J］. 土壤学报，56（1）：217-216.

陈能场，2021. 土壤健康：让中华文明更加璀璨［J］. 中国经济报告，（4）：17-19.

冯雪莹，2022. 微塑料和重金属对土壤-植物系统的生态效应［D］. 青岛：青岛科技大学.

傅声雷，刘满强，张卫信，等，2022. 土壤动物多样性的地理分布及其生态功能研究进展［J］. 生物多样性，30（10）：150-167.

高菲，高雷，崔晓阳，2017. 森林土壤温室气体通量对森林管理和全球大气变化的响应［J］. 南京林业大学学报（自然科学版），41（4）：173-180.

龚平，孙铁珩，李培军，1996. 农药对土壤微生物的生态效应［J］. 应用生态学报（S1）：127-132.

环境保护部，国土资源部．全国土壤污染状况调查公报［M/OL］. http：//www. gov. cn/foot/2014-04/17/content_ 2661768. htm.

黄文鹏，2015. 关于土壤污染的概念和 3 类评价指标的探讨［J］. 山东工业技术（21）：210.

蒋阳月，王艳华，胡海兰，2022. 浅谈土壤污染成因及防治技术措施［J］. 皮革制作与环保科技，3（17）：121-123.

黎雅楠，2021. 土壤贫瘠化的研究进展与趋势［J］. 农技服务，38（9）：75-77.

李明明，2014. 中国土壤的形成因素与分类［J］. 地球（6）：31-35.

李勇，黄小芳，丁万隆，2008. 根系分泌物及其对植物根际土壤微生态环境的影响［J］. 华北农学报（S1）：182-186.

凌大炯，章家恩，欧阳颖，2007. 酸雨对土壤生态系统影响的研究进展［J］. 土壤，39（4）：514-521.
刘德辉，陶于祥，2000. 土壤、农业与全球气候变化［J］. 火山地质与矿产（4）：290-295.
刘锋，陶然，应光国，等，2010. 抗生素的环境归宿与生态效应研究进展［J］. 生态学报，30（16）：4503-4511.
刘树伟，纪程，邹建文，2019. 陆地生态系统碳氮过程对大气 CO_2 浓度升高的响应与反馈［J］. 南京农业大学学报，42（5）：781-786.
刘鑫蓓，董旭晟，解志红，等，2022. 土壤中微塑料的生态效应与生物降解［J］. 土壤学报，59（2）：349-363.
刘周莉，陈玮，何兴元，2013. 土壤重金属污染及其生态效应［C］// 南京：农业部环境保护科研监测所，中国农业生态环境保护协会 . 农业环境与生态安全——第五届全国农业环境科学学术研讨会论文集：246-251.
骆永明，周倩，章海波，等，2018. 重视土壤中微塑料污染研究防范生态与食物链风险［J］. 中国科学院院刊，33（10）：1021-1030.
平原，马美景，郭忠录，2021. 像呵护皮肤一样呵护土壤——论土壤的重要性及表土保护与利用［J］. 中国水土保持（1）：14-17.
任欣伟，唐景春，于宸，等，2018. 土壤微塑料污染及生态效应研究进展［J］. 农业环境科学学报，37（6）：1045-1058.
孙波，赵其国，张桃林，等，1997. 土壤质量与持续环境Ⅲ. 土壤质量评价的生物学指标［J］. 土壤，29（5）：225-234.
孙向阳，1999. 森林土壤和大气间的温室效应气体交换［J］. 世界林业研究（2）：37-43.
童贯和，程滨，胡云虎，2005. 模拟酸雨及其酸化土壤对小麦幼苗生物量和某些生理活动的影响［J］. 作物学报，31（9）：1207-1214.
涂张焕，丰文庆，徐唐奇，2020. 土壤板结原因分析及其对作物吸水性的影响研究［J］. 陕西农业科学，66（12）：71-73.
王涵，王果，黄颖颖，等，2008. pH 变化对酸性土壤酶活性的影响［J］. 生态环境，17（6）：2401-2406.
王农，樊娟，刘春光，等，2008. 农田重金属对“土壤-植物-微生物”系统的生态效应［J］. 农业环境与发展（3）：89-91.
王晓洁，赵蔚，张志超，等，2021. 兽用抗生素在土壤中的环境行为、生态毒性及危害调控［J］. 中国科学：技术科学，51（6）：615-636.
韦中，沈宗专，杨天杰，等，2021. 从抑病土壤到根际免疫：概念提出与发展思考［J］. 土壤学报，58（4）：814-824.
谢会雅，陈舜尧，张阳，等，2021. 中国南方土壤酸化原因及土壤酸性改良技术研究进展［J］. 湖南农业科学（2）：104-107.
徐仁扣，李九玉，周世伟，等，2018. 我国农田土壤酸化调控的科学问题与技术措施［J］. 中国科学院院刊，33（2）：160-167.
徐祥明，何毓蓉，2009. 应用于土壤系统分类的土壤微形态学研究进展及展望［J］. 世界科技研究与发展，31（1）：107-111.
杨劲松，姚荣江，王相平，等，2021. 防止土壤盐渍化，提高土壤生产力［J］. 科学，73（6）：30-34+2+4.
杨奇勇，杨劲松，姚荣江，等，2010. 基于 GIS 的耕地土壤养分贫瘠化评价及其障碍因子分析［J］. 自然资源学报，25（8）：1375-1384.
杨晓霞，周启星，王铁良，2007. 土壤健康的内涵及生态指示与研究展望［J］. 生态科学（4）：374-380.
叶振城，王杰，刘国彬，等，2022. 近 20 年来生态修复中根际微生物的研究进展［J］. 西北林学院学报，37（3）：72-81.
于天一，孙秀山，石程仁，等，2014. 土壤酸化危害及防治技术研究进展［J］. 生态学杂志，33（11）：3137-3143.
张甘霖，史舟，朱阿兴，等，2020. 土壤时空变化研究的进展与未来［J］. 土壤学报，57（5）：1060-1070.
张瑞福，2004. 有机磷农药长期污染土壤的微生物分子生态效应［D］. 南京：南京农业大学.
张书泰，2015. 福建植烟土壤微生物群落结构及烟草根际生态效应研究［D］. 厦门：集美大学.
章家恩，2004. 土壤生态健康与食物安全［J］. 云南地理环境研究，6（4）：1-4.
赵方杰，谢婉滢，汪鹏，2020. 土壤与人体健康［J］. 土壤学报，57（1）：1-11.
赵吉，2006. 土壤健康的生物学监测与评价［J］. 土壤，38（2）：136-142.
赵其国，1991. 土壤圈物质循环研究与土壤学的发展［J］. 土壤（1）：1-3+15.

赵其国，1994. 土壤圈及其在全球变化中的作用［J］. 土壤（1）：4-7.

赵其国，1997. 土壤圈在全球变化中的意义与研究内容［J］. 地学前缘（Z1）：157-166.

赵其国，2003. 发展与创新现代土壤科学［J］. 土壤学报（3）：321-327.

赵其国，万红友，2004. 中国土壤科学发展的理论与实践［J］. 生态环境（1）：1-5.

赵起越，夏夜，邹本东，2022. 土壤盐渍化成因危害及恢复［J］. 农业与技术，42（11）：115-119.

赵作章，陈劲松，彭尔瑞，等，2023.土壤盐渍化及治理研究进展［J/OL］. 中国农村水利水电：1-14［2023-04-20］. http：//kns.cnki.net/kcms/detail/42.1419.TV.20220913.1452.082.html.

周启星，2005. 健康土壤学［M］. 北京：科学出版社，19-26.

周晓阳，周世伟，徐明岗，等，2015. 中国南方水稻土酸化演变特征及影响因素［J］. 中国农业科学，48（23）：4811-4817.

朱永官，陈保冬，付伟，2022. 土壤生态学研究前沿［J］. 科技导报，40（3）：25-31.

ALEXANDRA L，DE BRUYN L，1997. The status of soil macrofauna as indicators of soil health to monitor the sustainability of Australian agricultural soils［J］. Ecological Economics，23：167-178.

ALMARIO J，MULLER D，DEFAGO G，et al.，2014. Rhizosphere ecology and phytoprotection in soils naturally suppressive to Thielaviopsis black root rot of tobacco［J］. Environmental Microbiology，16（7）：1949-1960.

ASATOV S R，SULAYMONOV J N，MUKHAMADOV K M，et al.，2023. Sustainability in land use and maintenance of soil productivity［J］. IOP Conference Series：Earth and Environmental Science，1138（1）.

ANDERSON T H，2003. Microbial eco-physiological indicators to assess soil quality［J］. Agriculture，Ecosystems and Environment，98：285-293.

CAKMAK I，KUTMAN U B，2018. Agronomic biofortification of cereals with zinc：A review［J］. European Journal of Soil Science，69（1）：172-180.

CHEN H，YANG X，WANG P，et al.，2018. Dietary cadmium intake from rice and vegetables and potential health risk：A case study in

Xiangtan, southern China [J]. Science of the Total Environment, 639: 271-277.

COLLETTE L, FAO, 2011. Save and grow: a policymaker's guide to the sustainable intensification of smallholder crop production [M]. Saveand grow: a policymaker's guide to the sustainable intensification of smallholder crop production.

DORAN J W, PARKIN T B, 1994. Defining and assessing soil quality [A]. In: Doran J W, Coleman D C, Bezdicek D E, et al. Defining Soil Quality for a Sustainable Environment [C]. SSSA special publication No. 35. Madison: Soil Science Society of America, 3-21.

DORAN J W, ZEISS M R, 2000. Soil health and sustainability: managing the biotic component of soil quality [J]. Applied Soil Ecology, 15 (1): 3-11.

DU Y, HU X F, WU X H, et al., 2013. Affects of mining activities on Cd pollution to the paddy soils and rice grain in Hunan Province, central south China [J]. Environmental Monitoring and Assessment, 185 (12): 9843-9856.

ELDOR A, 2015. Paul, Soil Microbiology, Ecology and Biochemistry [M]. Fourth Edition.

FORSBERG K J, REYES A, WANG B, et al., 2012. The shared antibiotic resistome of soil bacteria and human pathogens [J]. Science, 337 (6098): 1107-1111.

GRAHAM D W, KNAPP C W, CHRISTENSEN B T, et al., 2016. Appearance of β-lactam resistance genes in agricultural soils and clinical isolates over the 20th century [J]. Scientific Reports, 6: 21550.

GRIFFITHS B S, BONKOWSKI M., 2001. Functional stability, substrate utilisation and biologicalin dicators of soils following environmental impact-sApplied [J]. Soil Ecology. 16 : 49-61.

GUELPHU O, SMIT B, WALTNERTOEWS D, et al., 1998. Agroecosystem health: analysis and assessment [J]. World Economy, 25 (4): 563-589.

HE Z L, YANG X E, BALIGAR V C, et al., 2003. Microbiological and biochemical indexing system for assessing quality of acid soils [J]. Advances of Agronomy, 78: 89-138.

LEOPOLD A, 1941. Wilderness as a land laboratory [J]. Living Wilderness (6): 3.

MINIXHOFER P, SCHARF B, HAFNER S, et al., 2022. Towards the Circular Soil Concept: Optimization of Engineered Soils for Green Infrastructure Application [J]. Sustainability, 14 (2).

MIZUTA K, GRUNWALD S, CROPPER W P, et al., 2021. Developmental History of Soil Concepts from a Scientific Perspective [J]. Applied Sciences, 11 (9): 4275.

NAMBIARA K K M, GUPTA A P, 2001. Biophysical, chemical and socio-economic indicators for assessing agricultural sustainability in the Chinese coastal zone [J]. Agriculture, Ecosystems and Environment, 87: 209-214.

NEHER D A, 2001. Role of nematodes in soil health and their use as indicators [J]. Journal of Nematology, 33 (4): 161-168.

NORMAN U, JANICE E, THIES, 2022. Biological Approaches to Regenerative Soil Systems [M]. Leiden: CRC Press.

PANKHARST C E, DOUBE B M, GUPTA V, 1997. Biological Indicators of Soil Health [M]. New York: CAB International, 1-28.

RITZ K, TRUDGILL D L, 1999. Utility of nematode community analysis as an integrated measure of functional state of soils: Perspectives and challenges [J]. Plant and Soil, 212 (1): 1-11.

ROMANYUK N, EDNACH V, NUKESHEV S, et al., 2023. Improvement of the design of the plow-subsoiler-fertilizer to increase soil fertility [J]. Journal of Terramechanics, 106.

SHERWOOD S, UPHOFF N, 2000. Soil health: research, practice and policy for a more regenerative agriculture [J]. Applied Soil Ecology, 15: 85-97.

SIMON A, WILHELMY M, KLOSTERHUBER R, et al., 2021. A system for classifying subsolum geological substrates as a basis for describing soil formation [J]. CATENA, 198.

THE WORLD BANK, 2006. Repositioning nutrition as central to development//A strategy for large-scale action. Washington: The International

Bank for Reconstruction and Development/The World Bank.

THOMAS R P, 2023. Soils: A New Global View [M]. Leiden: CRC Press.

TRUTMANN P, PAUL K B, CISHABAYO D, 1992. Seed treatments increase yield of farmer varietal field bean mixtures in the central African highlands through multiple disease and beanfly control [J]. Crop Protection, 11 (5): 458-464.

UNITED STATES ENVIRONMENTAL PROTECTION AGENCY. 2003. Guidance for Developing Ecological Soil Screening Levels [M]. Washington, DC: Office of Solid Waste and Emergency Response.

WANG M, CHEN W, PENG C, 2016. Risk assessment of Cd polluted paddy soils in the industrial and township areas in Hunan, southern China [J]. Chemosphere, 144: 346-351.

WARKENTIN B P, 1995. The changing concept of soil quality [J]. Journal of Soil and Water Conservation, 50 (3): 226-228.

WHITE P J, BROADLEY M R, 2009. Biofortification of crops with seven mineral elements often lacking in human dietsiron, zinc, copper, calcium, magnesium, selenium and iodine [J]. New Phytologist, 182 (1): 49-84.

WOLFE D W, 2005. The soil health frontier: New techniques for measurement and improvement. Proceedings: New England Vegetable and Fruit Conference [R]. Univ. Maine Coop. Ext. Pub., Portland, ME, 158-163.

XIAO F Y. Material Cycling of Wetland Soils Driven by Freeze-Thaw Effects [M]. Singapore, Berlin, Heidelberg.

XIE W Y, MCGRATH S P, SU J Q, et al., 2016. Long-term impact of field applications of sewage sludge on soil antibiotic resistome [J]. Environmental Science & Technology, 50 (23): 12602-12611.

ZHAO F J, SHEWRY P R, 2011. Recent developments in modifying crops and agronomic practice to improve human health [J]. Food Policy, 36: S94-S101.

ZHU H H, CHEN C, XU C, et al., 2016. Effects of soil acidification and liming on the phytoavailability of cadmium in paddy soils of central subtropical China [J]. Environmental Pollution, 219: 99-106.

ZOU C, DU Y, RASHID A, et al., 2019. Simultaneous biofortification of wheat with zinc, iodine, selenium and iron through foliar treatment of a micronutrient cocktail in six countries [J]. Journal of Agricultural and Food Chemistry, 67: 8096-8106.

附录 I

浙江省农业农村厅等 5 部门关于印发土壤健康行动实施意见的通知

各市、县（市、区）人民政府：

为加强耕地质量建设，提升耕地综合产能，促进现代农业绿色高质量发展，经省政府同意，现将土壤健康行动实施意见印发给你们，请结合实际，抓好贯彻落实。(落款略)

土壤健康行动实施意见

为深入贯彻省委十四届十次全会精神，全面落实《浙江高质量发展建设共同富裕示范区实施方案（2021—2025 年）》和全省农业高质量发展大会精神，深入实施新时代浙江“三农”工作“369”行动，促进现代农业绿色高质量发展，现就实施土壤健康行动提出以下意见。

一、指导思想

以习近平新时代中国特色社会主义思想为指引，深入学习贯彻习近平生态文明思想，完整、准确、全面贯彻新发展理念，坚持“藏粮于地、藏粮于技”战略，严守耕地数量、质量和生态红线；紧盯土壤酸化、土壤重金属污染、土壤生物多样性下降、农业面源污染等问题，对标国内领先、国际前沿，对照“重要窗口”、共同富裕示范区建设新要求，以培育健康土壤、促进生态健康为目标，率先实施“土壤健康行动”，构建土壤健康管理新体系，发挥健康土壤对保障粮食安全、农产品安全、生态安全、碳达峰碳中和等方面积极作用，不断提高耕地综合产能，促进绿色生态农业高质量发展，为新时期全国耕地质量建设贡献浙江智慧。

二、总体目标

到2025年，通过实施“土壤健康体检、障碍土壤治理、土壤生态修复、健康土壤培育”四大行动，创新健康土壤培育和保护利用新格局。

（一）建立土壤健康管理。构建健康土壤“指标、培育、评价和保障”新体系，建立健康土壤“诊断、治理、培育和评价”新机制，构建“数字耕地”应用场景，实施“一地一策”健康土壤管理新模式。

（二）有效治理障碍土壤。土壤酸化、土壤污染得到有效遏制，实施区酸化耕地pH值平均提高0.5个单位，受污染耕地安全利用率93%以上，土壤养分失衡得到改善。

（三）提升土壤健康水平。土壤有机质平均达到28g/kg以上，耕地质量等级平均达到3.6等以上，高等级耕地占比达到55%以上，生物多样性持续改善，耕地综合产能稳中提升。

（四）持续改善生态健康。化肥利用率达到43%，单位面积化肥强度在现有基础上下降5%，土壤固碳减排能力持续提升，秸秆综合利用率达到96%以上，肥药包装废弃物回收利用率达到90%以上；创建健康土壤基地（主体）500个。

三、重点工作

（一）实施土壤健康体检行动。

1. 建立健康土壤监测体系。整合、提升、新（改）建一批国家（省）级耕地质量、农田环境、农产品产地环境监测自动化、智能化综合监测站，争取建设2~3个省级健康土壤评价中心、11个分中心和一批土壤质量标准化检测室，规范化开展耕地质量监测评价工作。（责任单位略，下同）

2. 创建健康土壤指标体系。借鉴发达国家健康土壤指标体系，结合我省土壤类型和主要农作物生产现状，建立不同土壤类型、适宜作物高质高效、绿色生态种植为导向的健康土壤指标体系，研究制定健康土壤评价规范。

3. 开展土壤健康体检行动。部署开展第三次国家土壤普查，全面查清我省土壤类型及分布规律，真实准确掌握土壤质量、性状和利用状况等情况，探索建立土壤健康分类管理制度，制定分类提升措施，切实保护耕地质量。力争 3 年内，对全省土壤质量状况进行全面体检，将体检结果上图入库，实现土壤健康“一网通查”。

（二）实施障碍土壤治理行动。

1. 实施土壤酸化治理工程。推广施用生物有机肥、腐殖酸类土壤调理剂等产品，集成酸化土壤治理技术，多途径提升耕地土壤长期抗酸化能力，提高土壤有机质含量，改善土壤质量，优先在高标准农田、粮食生产功能区、农业综合园区开展酸化土壤治理试点创建。

2. 深化受污染耕地安全利用。按照《关于进一步规范和加强受污染耕地分类管控工作的意见》，建立“防、控、治”为核心的受污染耕地分类管控体系，推进受污染耕地土壤环境质量监测和类别动态调整，落实分类管控措施。推广不同污染类型、不同作物安全利用技术，建立 3~5 个省级典型受污染耕地安全利用研究基地，争创国家受污染耕地安全利用示范县，全省受污染耕地安全利用率达到93%以上。

（三）实施土壤生态修复行动。

1. 深化“肥药两制”改革。创新“肥药两制”改革配套技术，统筹农田土壤周年养分管理，制定发布主要农作物科学施肥指南，推广粮油、果菜茶等作物不同种植制度下高效绿色定额制施肥技术；加大生物农药、绿色防控和专业化统防统治力度；优先推广生物有机肥、有机无机复混肥、缓（控）释肥、配方肥、水溶性肥、沼液肥等肥料，及侧深施肥、水肥一体化等施肥装备和施肥技术，提高化肥利用率和施肥效率。建立“土壤—作物—施肥”相融相生的“一户一业一方”精准施肥技术，不断完善“浙样施”功能，做强“浙样施”品牌。

2. 重塑肥药减量实施体系。聚焦中央环保督察问题整改、长江经济带生态环境整治，促进肥药减量工作体系变革、制度重构、技术创新、机制重塑；持续推进免费测土配方服务行动，构建“专业测土、按方配供、科学施肥、定额管控、奖惩激励”机制，支持开展统测、统配、统施、统防等专业化施肥、专业化病虫防治服务；依托“浙农优品”平台实现化肥、农药“进—销—用—回”数字化闭环管理，推进平衡肥退市，全省主要农作物测土配方施肥技术覆盖率稳定在90%（太湖流域93%）以上，主要农作物绿色防控、统防统治覆盖率分别达到55%和45%。

3. 区域推进土壤生态修复。开展肥药、土壤调理剂等农业投入品施用对土壤质量、生态环境影响的监测评估；加强秸秆综合利用示范推广，创新秸秆机械化处置方式，农作物秸秆综合利用率达到96%以上，肥药包装废弃物回收率达到90%以上；推进以农田氮磷生态拦截沟渠系统为核心、生态化绿色种植的农田退水“零直排”示范区建设，加强农业源氮、磷排放监测，探索农业种植区域氮、磷循环利用、达标排放机制。

（四）实施健康土壤培育行动。

1. 研发健康土壤培育技术。研发退化耕地障碍因子快速诊断技术、耕地质量实时监测技术；研究不同障碍因子土壤修复治理、“非粮化”整治地力快速修复技术、健康土壤耕层保育技术、土壤固碳减排技术；研发土壤微生物菌剂、高效生物有机肥、生物炭基肥、高效绿色生物农药等产品与产业化；基于不同土壤类型、土壤健康状况，构建“一地一策”健康土壤培育模式，提高健康土壤供肥、固碳、减排能力，促进农作物质量品质提升。

2. 推进全域耕地质量提升。持续开展耕地质量提升与保护，推进高标准农田、中低产田、新垦耕地地力提升和“非粮化”整治耕地地力修复。创新稳粮肥田、园地套种等种植技术，推广稻—油、稻—肥、稻—菜、园地间（套）种等轮作模式，推广绿肥种植、秸秆还田、有机废弃物资源化、肥料化利用，创建国家绿色种养循环农业试点县，加大有机肥推广，落实农作物有机肥最低用量制度，提高耕地综合产能，高等级田占比达到55%。

四、组织保障

（一）加强领导。强化组织保障，加强土壤健康行动的领导。深化涉农资金统筹整合，积极支持土壤健康行动，推动土壤健康行动项目化、清单化管理。把土壤健康行动纳入粮食生产责任制、耕地保护责任目标、共同富裕示范区建设等考核内容，建立科学有效的土壤健康管理、评价新机制。围绕数字“乡村大脑”建设，构建全系统、全域化、全链条“数字耕地”应用场景，提高健康土壤数字化管理能力。

（二）先行先试。聚集主导产业，率先在 26 个山区县及生态功能区域优势明显区域，开展健康土壤基地培育，建立健康土壤基地（主体）、健康生态区评价和认定办法。树立一批“用地、养地”典型案例，打造一批“健康土壤、健康生态”基地；积极探索健康土壤基地农产品价值实现机制，拓展转换通道，培育区域公共品牌，发挥健康土壤的社会、生态和经济价值，引领健康生活，促进高效绿色生态农业发展。

（三）科技支撑。加强土壤健康关键技术联合攻关，开展土壤健康指标体系、诊断技术、培育技术及关键技术产业化，土壤固碳减排技术、肥药等投入品减量化施用及对土壤生态环境影响的监测和评价技术研发；发挥省“三农九方”专家作用，组建土壤健康协作团队；加强院校土壤学科建设，筹建健康土壤评价中心，建立省级健康土壤专家智库。

（四）创新制度。加强耕地质量建设与保护责任制落实，建立耕地质量用地养地责任制度，鼓励将土壤健康保护条款纳入土地流转承包合同，探索建立土壤健康奖惩机制。优化耕地地力补贴政策，探索开展土壤健康指数保险试点，将农业保险赔付与耕地土壤健康指数等级挂钩，形成正向激励制度，落实耕地质量保护利用的约束机制。

（五）宣传引导。广泛宣传土壤健康行动重要意义，形成“培育健康土壤、发展健康农业、倡导健康生活”的社会氛围，促进人们从“吃得饱”向“吃得安全、吃得健康”转变。

附录Ⅱ

石灰质改良酸化土壤技术规范（NY/T 3443—2019）
Technical Specification for Acidic Soil Amelioration by Liming

前言

本标准按照 GB/T 1.1—2009 给出的规则起草。

本标准由农业农村部种植业管理司提出并归口。

本标准起草单位：农业农村部耕地质量监测保护中心、中国农业科学院农业资源与农业区划研究所。

本标准主要起草人：杨帆、马义兵、董燕、李菊梅、韩丹丹、增赛琦、张曦、孟远夺、崔勇、杨宁。

石灰质改良酸化土壤技术规范

1 范围

本标准规定了农用石灰质物质用于改良酸性土壤和防止土壤酸化的质量要求、施用量、施用时期和方法。

本标准适用于中国农用地酸性土壤。

2 规范性引用文件

下列文件对于本文件的应用是必不可少的。凡是注日期的引用文件，仅注日期的版本适用于本文件。凡是不注日期的引用文件，其最新版本（包括所有的修改本）适用于本文件。

GB/T 3286.1　石灰石及白云石化学分析方法第1部分：氧化钙和氧化镁含量的测定

GB/T 23349　肥料中砷、砒、铅、铬、汞生态指标

NY/T 1121.2　土壤检测第2部分：土壤pH的测定

NY/T 1121.3　土壤检测第3部分：土壤机械组成的测定

NY/T 1121.6　土壤检测第6部分：土壤有机质的测定

NY/T 1978　肥料汞、砷、镉、铅、铬含量的测定

3　术语和定义

下列术语和定义适用于本文件。

3.1　农用石灰质物质 calcareous substances for agriculture

以含有钙和镁氧化物、氢氧化物和碳酸盐等碱性物质为主的、符合农用质量要求的矿物质，如生石灰、熟石灰、石灰石、白云石，用于保持或提高土壤的pH值。

3.1.1　生石灰 quick lime

主要化学成分为氧化钙（CaO），由石灰石（包括钙质石灰石、镁质石灰石）焙烧而成，具有吸湿性和强腐蚀性，可与水发生放热反应生成熟石灰。

3.1.2　熟石灰 slaked lime

主要成分为氢氧化钙［$Ca(OH)_2$］，白色粉末，又称消石灰，以生石灰为原料经吸湿或加水而生成的产物。

3.1.3　白云石　dolomite

主要化学成分为碳酸钙（$CaCO_3$）和碳酸镁（$MgCO_3$），由白云石加工而成的粉末状矿物质，较适用于镁含量低的酸性土壤。

3.1.4　石灰石 limestone

主要化学成分为碳酸钙（$CaCO_3$），不易溶于水，无臭、无味，露置于空气中元变化，由石灰石加工而成的粉末状矿物质。

3.2　酸性土壤 acidic soil

土壤pH值（土水比为1∶2∶5）<6.5的表层土壤（0~20cm）。酸性土壤可根据土壤pH值分为弱酸性到强酸性不同等级。

4　农用石灰质物质要求

4.1　外观

粉末状产品，无机械杂质，要求粒径<1mm。

4.2 质量要求

见表1。

表1 改良酸性土壤农用石灰质物质的质量要求

石灰类型	钙镁氧化物含量,%	重金属含量（烘干基），mg/kg				
		镉（Cd）	铅（Pb）	铬（Cr）	砷（As）	汞（Hg）
生石灰（粉）	>75	≤1.0	≤100	≤150	≤30	≤2.0
熟石灰（粉）	>55	≤1.0	≤100	≤150	≤30	≤2.0
白云石（粉）	>40	≤1.0	≤100	≤150	≤30	≤2.0
石灰石（粉）	>40	≤1.0	≤100	≤150	≤30	≤2.0

注：钙镁氧化物含量以 CaO 与 MgO 含量之和计，重金属按照元素计。

4.3 检验方法

4.3.1 氧化钙和氧化镁含量的测定

按 GB/T 3286.1 的规定执行。

4.3.2 重金属含量的测定

按 GB/T 23349 的规定进行样品制备，按 NY/T 1978 的规定进行重金属的测定。

5 改良酸性土壤石灰质物质施用量

按 NY/T 1121.2 的规定进行土壤 pH 的测定，按 NY/T 1121.3 的规定进行土壤机械组成的测定，按 NY/T 1121.6 进行土壤有机质的测定。

根据耕地类型和种植制度的需要合理确定土壤目标 Ph 后，再根据土壤起始 pH 值和目标 pH 值确定不同土壤形状下不同石灰质物质的施用量。不同有机质、质地土壤提高 1 个 pH 单位值的耕层土壤（0~20cm）农用石灰质物质施用量见表 2。当土壤 pH 调节值大于或小于一个单位时，农用石灰质物质施用量应当按比例调整。

表 2 中的施用量主要用于旱地土壤，水田参考执行。

表2 不同有机质、质地土壤提高1个pH单位值的耕层土壤（0~20cm）农用石灰质物质施用量　单位：t/hm^2

有机质含量	生石灰		熟石灰		白云石		石灰石	
	沙土/壤土	黏土	沙土/壤土	黏土	沙土/壤土	黏土	沙土/壤土	黏土
有机质含量<20g/kg	2.8	3.5	3.8	3.9	6.8	7.4	5.8	6.5

（续表）

有机质含量	生石灰		熟石灰		白云石		石灰石	
	沙土/壤土	黏土	沙土/壤土	黏土	沙土/壤土	黏土	沙土/壤土	黏土
20g/kg≤有机质含量<50g/kg	3.0	3.8	2.1	4.4	8.7	9.3	7.1	8.0
有机质含量≥50g/kg	3.3	4.3	4.7	5.1	11.8	12.4	9.1	10.7

6 防止土壤酸化石灰质物质施用量

对需要维持现有酸碱性、防止酸化的土壤，也可施用石灰质物质，其中，红壤、黄壤地区可每3年施用1次。具体施用量见表3。

表3 防止土壤酸化农用石灰质物质施用量 单位：t/hm^2

石灰类型	生石灰粉	熟石灰	白云石粉	石灰石粉
施用量	0.6	0.8	1.6	1.3

7 施用时期与方法

播种或移栽前3 d，将农用石灰质物质均匀撒施在耕地土壤表面，然后进行翻耕或旋耕，使其与耕层土壤充分混合。也可利用拖拉机等农机具，通过加挂漏斗进行机械化施用或与秸秆还田等农艺措施配合施用。

8 注意事项

施用石灰质物质后，随着土壤pH值升高，土壤养分，如磷、铁、锌、锰等的状态会发生变化。应注意选用适宜的肥料品种，合理调整土壤养分，以满足植物生长需要，并适当增施有机肥，防止土壤板结。

当有其他碱性物质，如钙镁磷肥、硅钙肥、草木灰等施用到土壤时，应注意减少石灰质物质的用量。施用石灰质物质时应注意安全，按照产品说明书使用，佩戴乳胶手套、防尘口罩和套鞋等用于防护，防止因石灰质物质遇水灼伤手脚或粉尘被吸入呼吸道灼伤呼吸系统。若作业人员出现因施用石灰质物质造成皮肤灼伤等症状，应及时送医院进行救治。避免雨天施用石灰质物质。

附录Ⅲ

耕地质量等级（GB/T 33469—2016）
Cultivated Land Quality Grade

前言

本标准按照 GB/T 1.1—2009 给出的规则起草。

本标准由中华人民共和国农业部提出。

本标准由全国土壤质量标准化技术委员会（SAC/TC 404）归口。

本标准起草单位：全国农业技术推广服务中心、北京市土肥工作站、山东省土壤肥料总站、江苏省耕地质量与农业环境保护站、山西省土壤肥料工作站、华南农业大学。

本标准主要起草人：任意、曾衍德、何才文、谢建华、赵永志、仲鹭勍、薛彦东、陈明全、李涛、王绪奎、张藕珠、李永涛、郑磊、胡良兵、李荣、辛景树。

耕地质量等级

1 范围

本标准规定了耕地质量区域划分、指标确定、耕地质量等级划分流程等内容。

本标准适用于各级行政区及特定区域内耕地质量等级划分。园地质量等级划分可参照执行。

2 规范性引用文件

下列文件对于本文件的应用是必不可少的。凡是注日期的引用文件，仅注日期的版本适用于本文件。凡是不注日期的引用文件，其最新版本（包括所有的修改单）适用于本文件。

GB 15618 土壤环境质量标准

GB 17296 中国土壤分类与代码

HJ/T 166 土壤环境监测技术规范

3 术语和定义

下列术语和定义适用于本文件。

3.1 耕地 cultivated land

用于农作物种植的土地。

3.2 耕地地力 cultivated land productivity

在当前管理水平下，由土壤立地条件、自然属性等相关要素构成的耕地生产能力。

3.3 土壤健康状况 soil health condition

土壤作为一个动态生命系统具有的维持其功能的持续能力，用清洁程度、生物多样性表示。

注：清洁程度反映了土壤受重金属、农药和农膜残留等有毒有害物质影响的程度；生物多样性反映了土壤生命力丰富程度。

3.4 地形部位 parts of the terrain

具有特定形态特征和成因的中小地貌单元。

3.5 田面坡度 field surface slope

农田坡面与水平面的夹角度数。

3.6 地下水埋深 ground-water table

潜水面至地表面的距离。

3.7 土壤养分状况 soil nutrient status

土壤养分的数量、形态、分解、转化规律以及土壤的保肥、供肥性能。

3.8 土壤酸碱度 soil acidity and alkalinity

土壤溶液的酸碱性强弱程度，以 pH 值表示。

3.9 土壤有机质 soil organic matter

土壤中形成的和外加入的所有动植物残体不同阶段的各种分解产物和合成产物的总称，包括高度腐解的腐殖物质、解剖结构尚可辨认的有机残体和各种微生物体。

3.10 土壤障碍因素 soil constraint factor

土体中妨碍农作物正常生长发育、对农产品产量和品质造成不良影响的因素。

3.11 土壤障碍层次 soil constraint layer

在土壤剖面中出现的阻碍根系伸展、影响水分渗透的层次。

3.12 土壤盐渍化 soil salinization

土壤底层或地下水的易、溶性盐分随毛管水上升到地表，水分散失后，使盐分积累在表层土壤中，当土壤含盐量过高时，形成的盐化危害。或受人类特殊活动影响，在使用高矿化度水进行灌溉及在干旱气候条件下没有排水功能、地下水位较浅的土壤上进行灌溉时产生的次生盐化危害。

3.13 土壤潜育化 gleyization

受地下水或渍水引起土壤处于饱和状态，呈强烈还原状态而形成蓝灰色潜育层的 一 种土壤形成过程。

3.14 有效土层厚度 effective soil layer thickness

作物能够利用的母质层以上的土体总厚度；当有障碍层时，为障碍层以上的土层厚度。

3.15 耕层厚度 plough layer thickness

经耕种熟化而形成的土壤表土层厚度。

3.16 耕层质地 plough layer texture

耕层土壤颗粒的大小及其组合情况。

3.17 土壤容重 soil bulk density

田间自然垒结状态下单位容积土体（包括土粒和孔隙）的质量或重量。

3.18 质地构型 oil texture profile

土壤剖面中不同质地层次的排列。

3.19 灌溉能力 irrigation capacity

预期灌溉用水量在多年灌溉中能够得到满足的程度。

3.20 排水能力 drainage capacity

为保证农作物正常生长，及时排除农田地表积水，有效控制和降低地下水位的能力。

3.21 农田林网化率 farmland shelter rate

农田四周的林带保护面积与农田总面积之比。

4 耕地质量等级划分

4.1 总则

4.1.1 概述

耕地质量等级划分是从农业生产角度出发，通过综合指数法对耕地地力、土壤健康状况和田间基础设施构成的满足农产品持续产出和质量安全的能力进行评价划分出的等级。

4.1.2 耕地质量区域划分

根据全国综合农业区划，结合不同区域耕地特点、土壤类型分布特征（GB 17296），将全国耕地划分为东北区、内蒙古及长城沿线区、黄淮海区、黄土高原区、长江中下游区、西南区、华南区、甘新区、青藏区等九大区域。各区涵盖的具体县（市、区、旗）名见附录 A（略）。

4.1.3 耕地质量指标

各区域耕地质量指标由基础性指标和区域补充性指标组成，其中，基础性指标包括地形部位、有效土层厚度、有机质含量、耕层质地、土壤容重、质地构型、土壤养分状况、生物多样性、清洁程度、障碍因素、灌溉能力、排水能力、农田林网化率等 13 个指标。区域补充性指标包括耕层厚度、田面坡度、盐渍化程度、地下水埋深、酸碱度、海拔高度等 6 个指标。各区域耕地质量划分指标见附录 B（略）。

4.1.4 耕地质量等级划分原则

耕地质量划分为 10 个耕地质量等级。耕地质量综合指数越大，耕地质量水平越高。一等地耕地质量最高，十等地耕地质量最低。

4.2 耕地质量等级划分流程

耕地质量等级划分流程见图 1。

4.3 地质量指标获取

4.3.1 地形部位

指中小地貌单元。如河流及河谷冲积平原要区分出河床、河漫滩、一级阶地、二级阶地、高阶地等；山麓平原要区分出坡积裙、洪棋锥、洪积扇（上、中、下）、扇间洼地、扇缘洼地等；黄土丘陵区要区分出塬、梁、昴等；低山丘陵与漫岗要区分为丘（岗）顶部、丘（岗）坡面、丘（岗）坡麓、丘（岗）间洼地等；平原河网圩田要区分为易涝田、渍害田、良水田等；丘陵冲垄稻田按宽冲、窄冲，纵向分冲头、冲中部、冲尾，横向分冲、塝、岗田等；岩溶地貌要区分为石芽地、坡麓、峰丛洼地、榕蚀谷地、岩溶盆地（平原）等。各地应结合当地实际进行筛选，并使描述更加具体。

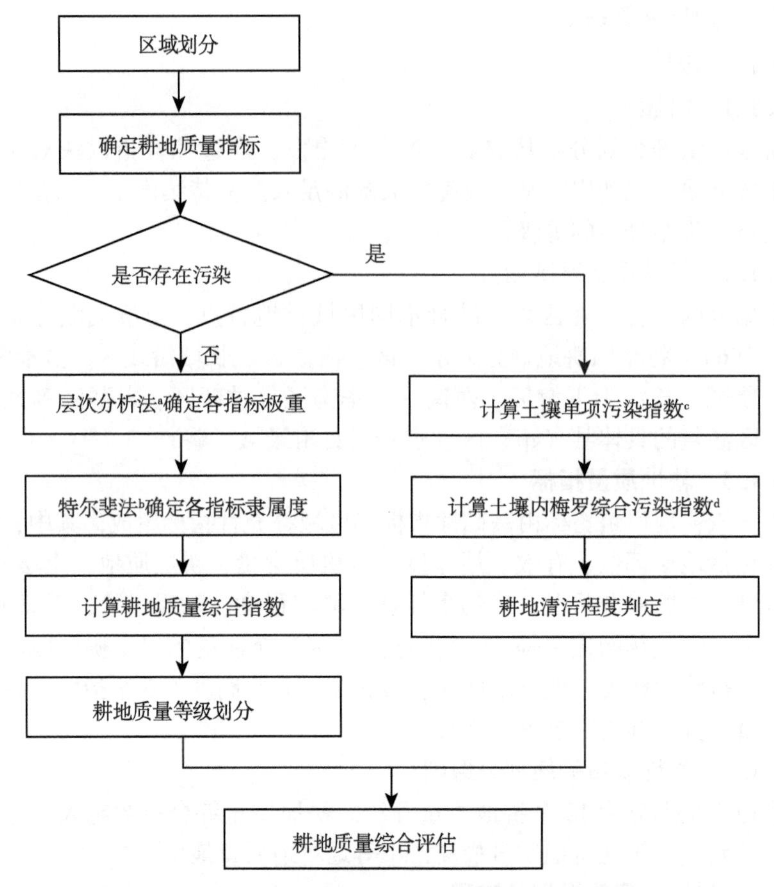

a. 层次分析法是将与决策总是有关的元素分解成目标、准则、方案等层次，在此基础之上进行定性和定量分析的决策方法。

b. 特尔斐法是采用背对背的通信方式征询专家小组成员的预测意见，经过几轮征询，使专家小组的预测意见趋于集中，最后做出符合发展趋势的预测结论。

c. 土壤单项污染指数是土壤污染物实测值与土壤污染物质量标准的比值。具体计算方法见 HJ/T 166。

d. 内梅罗综合污染指数反映了各污染物对土壤的作用，同时突出了高浓度污染物对土壤环境质量的影响。具体计算方法 HJ/T 166。

图 1　耕地质量等级划分流程图

4.3.2　有效土层厚度

查阅第二次土壤普查资料并结合现场调查确定。

4.3.3 有机质含量

土壤有机质的测定方法见附录 C（略）。

4.3.4 耕层质地

土壤机械组成分为砂土、砂壤、轻壤、中壤、重壤、黏土等，测定方法见附录 D（略）。

4.3.5 土壤容重

土壤容重的测定方法见附录 E（略）。

4.3.6 质地构型

挖取土壤剖面，按 1m 土体内不同质地土层的排列组合形式来确定。分为薄层型（红黄壤地区土体厚度<40cm，其他地区<30cm）、松散型（通体砂型）、紧实型（通体教型）、夹层型（夹砂砾型、夹带型、夹料姜型等）、上紧下松型（漏砂型）、上松下紧型（蒙金型）、海绵型（通体壤型）等几大类型。

4.3.7 土壤养分状况

根据土壤类型、种植作物、土壤物理、化学、生物性状综合确定，分为养分贫瘠、潜在缺乏、最佳水平和养分过量。

4.3.8 生物多样性

通过现场调查，结合专家经验综合确定，分为丰富、一般、不丰富。

4.3.9 清洁程度

按照 HJ/T 166 规定的方法确定。

4.3.10 障碍因素

按对植物生长构成障碍的类型来确定，如沙化、盐碱、侵蚀、潜育化及出现的障碍层次情况等。

4.3.11 灌班能力

现场调查水源类型、位置、灌溉方式、灌水量，综合判断灌溉用水量在多年灌溉中能够得到满足的程度，分为充分满足、满足、基本满足、不满足。

4.3.12 排水能力

现场调查排水方式、排水设施现状等，综合判断农田保证作物正常生长，及时排除地表积水，有效控制和降低地下水位的能力，分为充分满足、满足、基本满足、不满足。

4.3.13 农田林网化率

现场调查农田四周林带保护面积及农田总面积，计算农田林网化率，综合判断农田林网化程度，分为高、中、低。

4.3.14　耕层厚度

在野外实际测量确定，单位统一为厘米，精确到小数点后 1 位。

4.3.15　田面坡度

实际测量农田坡面与水平面的夹角度数。

4.3.16　盐渍化程度

根据土壤水溶性含盐总量、氧化物镧含量、硫酸盐含量及农田出苗程度综合判定，分为无、轻度、中度、重度。土壤水溶性含盐总量的测定方法见附录 F（略）；土壤氯离子含量的测定方法见附录 G（略）；土壤硫酸根离子含量的测定方法见附录 H（略）。

4.3.17　地下水埋深

在查阅地下水埋藏及水文地质图表资料基础上填写，或结合野外调查，挖取土壤剖面，用洛阳铲打钻孔，观察地下水埋深。

4.3.18　酸碱度

土壤 pH 的测定方法见附录 I。

4.3.19　海拔高度

采用 GPS 定位仪现场测定填写。

4.4　确定各指标权重

4.4.1　建立层次结构模型

按照层次分析法，建立目标层、准则层和指标层层次结构，用框图形式说明层次的递阶结构与因素的从属关系。当某个层次包含的因素较多时（如超过 9 个），可将该层次进一步划分为若干子层次。

4.4.2　构造判断矩阵

判断矩阵表示针对上一层次某因素，本层次与之有关因子之间相对重要性的比较。假定 A 层因素中 a_k 与下一层次中 B_1，B_2，…，B_n 有联系，构造的判断矩阵一般形式见表 1。

表 1　判断矩阵形式

a_k	B_1	B_2	…	B_n
B_1	b_{11}	b_{12}	…	b_{1n}
B_2	B_{21}	B_{22}	…	B_{2n}
⋮	⋮	⋮		⋮
B_n	B_{n1}	B_{n2}	…	B_{nn}

判断矩阵元素的值反映了人们对各因素相对重要性（或优劣、偏好、强度等）的认识，一般采用 1~9 及其倒数的标度方法。当相互比较因素的重要性能够用具有实际意义的比值说明时，判断矩阵相应元素的值则可以取这个比值。判断矩阵的元素标度及其含义见表 2。

表 2　判断矩阵标度及其含义

标度	含义
1	表示两个因素相比，具有同样重要性
3	表示两个因素相比，一个因素比另一个因素稍微重要
5	表示两个因素相比，一个因素比另一个因素明显重要
7	表示两个因素相比，一个因素比另一个因素强烈重要
9	表示两个因素相比，一个因素比另一个因素极端重要
2，4，6，8	上述两相邻判断的中值
倒数	因素 i 与 j 比较得判断 b_{ij}，则因素 j 与 i 比较得判断 $b_{ji}=1/b_{ij}$

4.4.3　层次单排序及其一致性检验

建立比较矩阵后，就可以求出各个因素的权值。采取的方法是用和积法计算出各矩阵的最大特征根 λ_{max} 及其对应的特征向量 W，并用 $CR=Cl/Rl$ 进行一致性检验。计算方法如下：

按式（1）将比较矩阵每一列正规化（以矩阵 B 为例）

$$\hat{b}_{ij}\frac{b_{ij}}{\sum_{i=1}^{n} b_{ij}} \tag{1}$$

按式（2）每一列经正规化后的比较矩阵按行相加

$$\overline{W}_{i}=\sum_{i=1}^{n}\hat{b}_{ij} \tag{2}$$

按式（3）对向量

$$\overline{W}=[\overline{W}_1\cdot\overline{W}_2,\ldots\ \overline{W}_n] \tag{3}$$

按式（4）对向量

$$W_i=\frac{\overline{W}_i}{\sum_{i=1}^{n}\overline{W}_i},\ i=1,\ 2,\ 3,\ \cdots,\ n \tag{4}$$

所得到的 $W=[W_1,\ W_2,\ \cdots W_n]^T$ 即为所求特征向量，也就是各个因素的权重值。

按式（5）计算比较矩阵最大特征根 λ_{max}

$$\lambda_{max}=\sum_{i=1}^{n}\frac{(BW)_i}{nW_i},\ i=1,\ 2\cdots,\ n \tag{5}$$

式中 $(BW)_i$表示向量 BW 的第 i 个元素。

一致性检验：首先计算一致性指标 CI

$$CI=\frac{\lambda_{max}-n}{n-1} \tag{6}$$

式中 n 为比较矩阵的阶，也即是因素的个数。

然后根据表 3 查找出随机一致性指标 *RI*，由式（7）计算一致性比率 CR，

$$CR=\frac{CI}{RI} \tag{7}$$

表 3　随机一致性指标 RI 的值

n	1	2	3	4	5	6	7	8	9	10	11
RI	0	0	0. 58	0. 90	1. 12	1. 24	1. 32	1. 41	1. 45	1. 49	1. 51

当 $CR<0.1$ 就认为比较矩阵的不一致程度在容许范围内；否则应重新调整矩阵。

4. 4. 4　层次总排序

计算同一层次所有因素对于最高层（总目标）相对重要性的排序权值，称为层次总排序。这一过程是从最高层次到最低层次逐层进行的。若上一层次 A 包含 m 个因素 A_1，A_2，…，A_m，其层次总排序权值分别为 a_1，a_2，…，a_m，下一层次 B 包含 n 个因素 B_1，B_2，…，B_n，它们对于因素 A_j 的层次单排序权值分别为 b_{1j}、b_{2j}，…，b_{nj}，（当 B_k 与 A_j 无联系时，$b_{kj}=0$）此时 B 层次总排序权值由表 4 给出。

表 4　层次总排序的根值计算

层次 B	层次 A				B 层次总排序权值
	A_1	A_2	…	A_m	
	a_1	a_2	…	a_m	
B_1	b_{11}	b_{12}	…	b_{1m}	$\sum_{i=1}^{m}a_1b_{1i}$

（续表）

层次 B	层次 A				B 层次总排序权值
	A_1	A_2	…	A_m	
	a_1	a_2	…	a_m	
B_2	b_{21}	b_{22}	…	b_{2m}	$\sum_{i=1}^{m} a_j b_{2i}$
⋮	⋮	⋮			⋮
B_n	b_{n1}	b_{n2}	…	b_{nm}	$\sum_{i=1}^{m} a_j b_{nj}$

4.4.5　层次总排序的一致性检验

这一步骤也是从高到低逐层进行的。如果 B 层次某些因素对于 A_j单排序的一致性指标为 CI_j，相应的平均随机一致性指标为 CR_j，则 B 层次总排序随机一致性比率用式（8）计算。

$$CR = \frac{\sum_{i=1}^{n} a_j CI_j}{\sum_{i=1}^{m} a_j RI_j} \tag{8}$$

类似地，当 $CR<0.1$ 时，认为层次总排序结果具有满意的一致性，否则需要重新调整判断矩阵的元素取值。

4.5　计算各指标隶属度

根据模糊数学的理论，将选定的评价指标与耕地质量之间的关系分为戒上型函数、戒下型函数、峰型函数、直线型函数以及概念型 5 种类型的隶属函数。

4.5.1　戒上型函数模型

适合这种函数模型的评价因子，其数值越大，相应的耕地质量水平越高，但到了某一临界值后，其对耕地质量的正贡献效果也趋于恒定（如有效土层厚度、有机质含量等）。

$$y_i = \begin{cases} 0, & u_i \leqslant u_i \\ 1/\left[1+a_i\ (u_i-c_i)^2\right], & u_i<u_i<c_i,\ (i=1,\ 2,\ \cdots m) \\ 1, & c_i \leqslant u_i \end{cases} \tag{9}$$

式（9）中，y_i为第 i 个因子的隶属度；u_i为样品实测值；c_i为标准指标；a_i为系数；u_i为指标下限值。

4.5.2 戒下型函数模型

适合这种函数模型的评价因子，其数值越大，相应的耕地质量水平越低，但到了某一临界值后，其对耕地质量的负贡献效果趋于恒定（如坡度等）。

$$y_i=\begin{cases}0, & u_i \leqslant u_i \\ 1/\left[1+a_i\left(u_i-c_i\right)^2\right], & c_i<u_i<c_i, \quad (i=1, 2, \cdots m) \\ 1, & u_i \leqslant c_i\end{cases} \tag{10}$$

式（10）中，u_i为指标下限值。

4.5.3 峰型函数

适合这种函数模型的评价因子，其数值离一特定的范围距离越近，相应的耕地质量水平越高（如土壤 pH 等）。

$$y_i=\begin{cases}0, & u_i>u_i \text{ 或 } u_i<u_{i2} \\ 1/\left[1+a_i\left(u_i-c_i\right)^2\right], & u_{i1}<u_i<c_{i2}) \\ 1, & u_i=c_i\end{cases} \tag{11}$$

式（11）中，u_{i1}、u_{i2}分别为指标上、下限值。

4.5.4 直线型函数模型

适合这种函数模型的评价因子，其数值的大小与耕地质量水平呈直线关系（如坡度、灌溉能力）。

$$y_i=a_i u_i+b \tag{12}$$

4.5.5 概念型指标

这类指标其性状是定性的、非数值性的，与耕地质量之间是一种非线性的关系，如地形部位、质地构型、质地等。这类因子不需要建立隶属函数模型。

4.5.6 隶属度的计算

对于数值型评价因子，依据附录 B（略），用特尔斐法对一组实测值评估出相应的一组隶属度，并根据这两组数据拟合隶属函数；也可以根据唯一差异原则，用田间试验的方法获得测试值与耕地质量的一组数据，用这组数据直接拟合隶属函数，求得隶属函数中各参数值。再将各评价因子的实测值带入隶属函数计算，即可得到各评价因子的隶属度。鉴于质地对耕地某些指标的影响，有机质应按不同质地类型分别拟合隶属函数。

对于概念型评价因子，依据附录 B（略），可采用特尔斐法直接给出隶属度。

4.6 计算耕地质量综合指数

采用累加法计算耕地质量综合指数。

$$P=\sum (C_i \times F_i) \tag{13}$$

式中：

P 为耕地质量综合指数（Integrated Fertility Index）；C_i为第 i 个评价指标的组合权重；F_i为第 i 个评价指标的隶属度。

4.7 区域耕地质量等级划分

按从大到小的顺序，在耕地质量综合指数曲线最高点到最低点间采用等距离法将耕地质量划分为 10 个耕地质量等级。耕地质量综合指数越大，耕地质量水平越高。一等地耕地质量最高，十等地耕地质量最低。

各区域内耕地质量划分时，依据相应的耕地质量综合指数确定当地耕地质量最高最低等级范围，再划分耕地质量等级。

4.8 耕地清洁程度调查与评价

耕地周边有污染源或存在污染的，应根据区域大小，加密耕地环境质量调查取样点密度，检测土壤污染物含量，进行耕地清洁程度评价。耕地土壤单项、污染指标限值按照 GB 15618 的规定执行。按照 HJ/T 166 规定的方法，计算土壤单项污染指数和土壤内梅罗综合污染指数，并按内梅罗指数将耕地清洁程度划分为清洁、尚清洁、轻度污染、中度污染、重度污染。

4.9 耕地质量综合评估

依据耕地质量划分与耕地清洁程度调查评价结果，对耕地质量进行综合评估，查明影响耕地质量的主要障碍因素，提出有针对性的耕地培肥与土壤改良对策措施与建议。对判定为轻度污染、中度污染和重度污染的耕地，应明确耕地土壤主要污染物类型，提出耕地限制性使用意见和种植作物调整建议。

附录Ⅳ

紫云英种植技术规范

Technical specification for planting Chinese milk vetch

前言

本标准按照 GB/T 1.1—2020《标准化工作导则　第 1 部分：标准化标准的结构和起草规则》的规定起草。

请注意本标准的某些内容可能涉及专利。本标准的发布机构不承担识别专利的责任。

本标准由浙江省农业农村厅提出并组织实施。

本标准由浙江省种植业标准化技术委员会归口。

本标准起草单位：浙江省农业科学院、浙江省耕地质量与肥料管理总站、中国农业科学院农业资源与农业区划研究所、衢州市衢江区农业技术推广中心、平湖市植保土肥技术推广中心、杭州市富阳区农业技术推广中心、乐清市农业农村发展中心、云和县土肥植保能源站、浦江县农业技术推广中心、庆元县农业农村局、衢州市三易易生态农业科技有限公司。

本标准主要起草人：王建红、季卫英、单英杰、曹卫东、曹凯、刘晓霞、童文彬、陈一定、张贤、徐静、斯林林、连正华、李建强、周成云、赵丽芳、叶玲燕、柴有忠、杨芳、管宇。

紫云英种植技术规范

1　范围

本标准规定了紫云英品种选择与种子处理、紫云英-水稻轮作、园地套种紫云英、食用紫云英种植、景观紫云英种植、病虫害防治等技术内容。

本标准适用于紫云英种植。

2 规范性引用文件

下列文件中的内容通过文中的规范性引用而构成本标准必不可少的条款。其中，注日期的引用文件，仅该日期对应的版本适用于本标准；不注日期的引用标准，其最新版本（包括所有的修改单）适用于本标准。

GB 8080 绿肥种子

GB 8321.10 农药合理使用准则（十）

NY 410 根瘤菌肥料

3 术语与定义

下列术语和定义适用于本标准。

3.1 稻底套播 sowing before rice harvest

水稻收割前7~15天，将紫云英种子均匀撒播到稻田的种植方式。

3.2 带荚还田 Chinese milk vetch incorporation during pod-setting stage

紫云英50%以上荚果成熟后，将紫云英带荚翻压，再种植水稻的紫云英利用方式。

3.3 落籽自繁 self-propagation of Chinese milk vetch by dropping seeds

采用紫云英带荚还田利用方式后，部分荚果成熟的紫云英种子翻压入田，在9月后逐步萌发并能达到正常苗量要求的紫云英生产方式。

4 品种选择与种子处理

4.1 品种选择

应根据不同的用途选择不同熟期的品种。紫云英—水稻轮作和园地套种紫云英，宜选择迟熟种或中熟种，如宁波大桥种、弋江籽等。食用紫云英，宜选用生物产量高或早发的品种，如宁波大桥种、闽紫8号等。景观紫云英，宜选用花期长或花色美的品种，如闽紫2号等。

4.2 种子质量要求

应符合GB 8080的要求。

4.3 种子处理

4.3.1 晒种

种子在播种前选择晴天晒1~2天。

4.3.2 接种根瘤菌

新开垦地或多年未种紫云英的区域，播种前应接种根瘤菌。紫云英根瘤菌的质量应符合 NY 410 的要求，用量和使用方法按紫云英根瘤菌供应商的使用说明操作。

4.3.3 磷肥拌种

用钙镁磷肥 7~10 千克/亩和紫云英种子充分拌匀后播种。

注：1 亩为 667 平方米。

5 紫云英—水稻轮作

5.1 播种方式

5.1.1 稻底套播

在水稻收割前 7~15 天，将紫云英种子均匀撒播，时间宜在 9 月下旬至 10 月中旬。紫云英与双季稻轮作的稻田宜采用稻底套播种植方式。水稻收割时留高茬。播种前若田面表土干燥，宜先快速灌水后排干，然后播种。

5.1.2 稻后直播

时间不宜迟于 11 月中旬。稻草移除的稻田可开沟后直接播种。稻草还田的不宜采用直接免耕播种，应先将稻草粉碎，然后旋耕、整地、开沟后播种。

5.2 播种量

不同水稻产量和稻草管理方式的紫云英适宜播种量不一样，具体播种量参见表 1。

表 1 不同水稻产量和稻草管理方式的紫云英播种量

水稻产量（千克/亩）	稻草管理方式	紫云英播种量（千克/亩）
<450	稻草留田或移除均可	1.5~2.0
≥450	稻草移除	1.5~2.0
≥450	稻草留田	2.0~3.0

5.3 播种方法

分人工播种和机械播种。面积超过 5 亩的田块宜采用撒肥机或无人机播种。

5.4 开沟

水稻收割后及时开好畦沟、腰沟和围沟。畦沟间距 2~3 米。田块长度超过 30 米的需要开腰沟，腰沟间距 30~50 米。沟深控制在 15~20 厘米为宜。

5.5　追肥

基础肥力较差的田块，当紫云英苗长至 3~5 厘米，施过磷酸钙或钙镁磷肥 15 千克/亩或复合肥 15~25 千克/亩，已磷肥拌种的可不施磷肥。基础肥力较好的田块可不施追肥。

5.6　适时翻压

以肥用为主的紫云英应在盛花期翻压。采用紫云英—双季稻轮作模式，翻压时间与早稻移栽期应间隔 5 天以上。紫云英—单季稻轮作模式，可采用落籽自繁利用方式。

5.7　落籽自繁

采用落籽自繁方式生产的紫云英，在水稻收割后及时做好田间开沟和日常管理工作。落籽自繁方式生产紫云英可连续利用 2~3 年。

6　园地套种紫云英

6.1　立地要求

选在排水良好、土层较厚、有一定光照的地块种植。陡坡地不宜种植紫云英。

6.2　园地类型

适宜套种紫云英的园地类型主要有桃园、梨园、猕猴桃园、葡萄园、柑橘园等。

6.3　整地

播种前，先将地翻耕整平，后开沟起畦，畦宽 2~3 米为宜，沟深 15~20 厘米为宜。

6.4　播种期

9 月中旬至 10 月中旬，雨前、雨后抢晴播种。

6.5　播种量

以 1.5~2.0 千克/亩为宜。

6.6　播种方式

撒播或条播。采用撒播方式，种子撒到畦表面以后，对畦表面的土进行适当镇压，使种子与土壤充分接触。采用条播方式，行距 30~40 厘米为宜，开浅沟下种后浅覆土。播种后宜用稻草覆盖。

6.7　后期管护

肥用的宜在盛花期翻埋入土。以水土保持为主的宜采用落籽自繁方式。

7　食用紫云英种植

7.1　种植方式

食用紫云英多与其他夏季蔬菜轮作，如辣椒、茄子、四季豆、丝瓜等，宜在设施大棚内种植。

7.2　播种期

9月上旬至10月上旬。根据食用紫云英上市宜早、分批采收的目标，宜适当早播，分批播种。

7.3　播种量

以1.2~1.5千克/亩为宜。

7.4　播种方式

将地整平整细，开沟起畦，畦宽1.5~2.0米。用水喷湿畦面，喷水量以表土自然软化封闭土壤孔隙为宜。将种子均匀撒到畦面，保持畦面湿润，直至种子出苗。

7.5　田间管理

适当人工除草、通风。若出现白粉病，不宜采用化学防治。土壤肥力较低的可追施复合肥15~20千克/亩，也可喷施叶面肥。

7.6　适时采收

紫云英茎枝伸长至20厘米后，可开始采收，保留基部茎秆5厘米以上。一季紫云英一般可采收2~3次。

8　景观紫云英种植

8.1　种植区域

景观紫云英可种植在大田和园地，还可在公园、暂时闲置土地、公路沿线、铁路沿线等区域种植。

8.2　土地平整

将表土整平整细，然后播种。做好开沟排水。

8.3　播种期

9月中旬至10月底。

8.4　播种量

大田和园地的播种量分别参见5.2和6.5。其他区域的以2.5~3.5千克/亩为宜。

8.5　种子搭配

根据景观设计的需要，可早、中、迟熟品种分片播种，也可按比例混合播种。

8.6 播种方式

以撒播为宜。根据造景图案设计需要，也可条播。

8.7 管护要求

生长期应做好防护，防止人为踩踏和动物采食及外力碾压。

9 病虫害防治

9.1 病害防治

紫云英病害主要有菌核病、白粉病、叶斑病等。以预防为主，保持通风、排水畅通。食用紫云英慎用药物防治。病害发生时具体防治方法参见附录A（略），药剂选择与使用应符合GB 8321.10农药合理使用准则的要求。

9.2 虫害防治

紫云英虫害主要有蚜虫、蓟马、潜叶蝇等。食用紫云英虫害发生时及时采收，慎用药物防治，其他种植类型的紫云英虫害发生时具体防治方法参见附录A（略），药剂选择与使用应符合GB 8321.10的要求。

10 模式图

紫云英种植标准化技术模式图参见附录B（略）。